Das

Aufnehmen zu Pferde

oder

die Kunst,

nach Lehmanns Methode mit dem Meßtische, vom Pferde aus, Gegenden militärisch oder Forsten ökonomisch und zwar völlig genau

aufzunehmen,

nebst

der Beschreibung

des hierzu erforderlichen neu erfundenen Apparates,

von

Friedrich Wilhelm Netto,

Doktor der Philosophie, Lieutenant außer Dienste, Regierungs-Conducteur, und Lehrer an der allgemeinen Kriegesschule in Berlin.

Mit vier von Wolff gestochenen Kupfern.

Berlin,

bei J. W. Boicke.

1826.

Vorrede.

Ueber die dem Krieger so höchst wichtige Kunst, Gegenstände topographisch vom Pferde herab aufzunehmen, gab es bisher kein Lehrbuch, da diese Kunst fast gar nicht existirte; nur solchen Individuen, welche vorher zu Fuße das Aufnehmen mit dem Meßtische, nach der von dem sächsischen Major Lehmann erfundenen Methode, genau und in verschiedenem Terrain erlernt und ausgeübt hatten, und so sich eine vollständige Kenntniß der verschiedenen Formen der Erd-Oberfläche und der Vermeidung der, bei Betrachtung und Beurtheilung des Terrains vorkommenden, optischen Täuschungen erwarben, war es möglich, vom Pferde aus, mit dem Bleistifte in der Schreibtafel flüchtige Skizzen bestimmter Gegenden, wiewohl mit sehr geringer Genauigkeit, nach dem

Augenmaße allein, zu Kriegeszwecken zu entwerfen. Vergeblich wurden, um in diesen Zweig der Kriegswissenschaften einen höheren Grad der Genauigkeit zu bringen, von Zeit zu Zeit Apparate ersonnen, welche aber nie geeignet waren, dasjenige zu leisten, was ihre Erfinder von ihnen priesen; indem sie an der fast von Allen übersehenen Schwierigkeit, welche die Ausführung graphischer Operazionen zu Pferde, wegen der Unruhe der Letztern, überhaupt hat, scheiterten. Gewöhnlich waren aber auch die Erfinder solcher Apparate eben so unerfahren in der Kenntniß der mathematischen Instrumente als im Aufnehmen selbst. Nur eine Ausnahme machen hiervon die Bemühungen des Herrn Hofrath Horner.

Um mit derselben Genauigkeit vom Pferde aus wie mit einem gewöhnlichen Meßtische nach Lehmanns Methode aufzunehmen, muß das Stativ entbehrt und daher ein anderes, die Stabilität des Meßtisches entbehrlich machendes, Mittel angewendet werden. Dieses das Stativ beseitigende und den Meßtisch, ohne Nachtheil der Genauigkeit der Messung, beweglicher machende Mittel liegt in der Anwendung eines auf dem Meßtischblatte nach Belieben mittelst Schrauben zu befestigenden Spiegel-Werkzeuges, welches Winkel zu messen und an zwei daran befindlichen Linealen ungehindert zu verzeichnen eingerichtet ist und so die Stelle des Diopter-Lineals vertritt, ohne daß bei ihm eine feste Lage der Meßtisch-Fläche, wie bei jenem, nöthig wäre.

Ein ähnliches Werkzeug, von H. Horner vor einigen Jahren in Gilbert's Annalen der Physik angegeben, trug den wesentlichen Mangel an sich, daß die Lineale, an welchen die Visirlinien gezogen wurden, durch eine darüber sich verschiebende Stahlstange verdeckt waren und so das Ziehen der Linien gehindert wurde. Deßhalb ersann der Verfasser das auf Tafel I. und II. abgebildete Werkzeug, dem er eine solche Einrichtung gegeben hat, daß für die Bequemlichkeit des Anwenders und die Genauigkeit der Arbeit kein Wunsch mehr übrig ist.

Zur Anwendung dieses von ihm konstruirten Werkzeuges gibt er nun auch hier zum ersten Mahle ein vollständiges geordnetes Lehrgebäude, des regelmäßigen Aufnehmens zu Pferde. Dieses ist von ihm allein entworfen ohne dabei andere Werke u. dergl. mehr benutzen zu können.

Vollständig durch die Praxis von dem Erfolge überzeugt, behauptet der Verfasser rücksichtlich der damit zu erlangenden Genauigkeit nicht zu viel, und leistet dafür Bürgschaft — wenn man nämlich mit einem richtig konstruirten Werkzeuge und genau nach des Verfassers Vorschriften verfährt und letztere nicht etwa ballhornisiret, welches Uebel zum Theil im Geiste der Zeit und zum Theil in der superfiziellen Klugheit eines großen Theiles der heran gewachsenen Generazion zu liegen scheint.

Zur Ausarbeitung dieser Schrift bewog ihn einzig und allein der dadurch zu stiftende Nutzen.

Es sei daher dem Verfasser am Schlusse dieses vergönnt, auf sein Wort zu versichern, daß alles dasjenige, was der Titel besagt, wirklich durch das angegebene Werkzeug und Verfahren vollständig erreicht werden kann, und daß folglich von Seiten desselben nicht die mindeste Plusmacherei mit unterläuft. Obgleich das Werkzeug, wie Seite 40 und 131. erinnert wird, nicht zur Bestimmung der Horizontalwinkel eingerichtet ist, so ist es doch zur eben so genauen graphischen Winkelbestimmung, wie jeder gewöhnliche Meßtisch, vollständig geeignet, wenn es fehlerfrei ist und man sich dessen mit gehöriger Sachkunde und Umsicht bedient. Besäße der Verfasser Vermögen, um frei, wie er wünschte, mit seiner Zeit schalten zu können, und könnte derselbe die Kosten der Anschaffung und Unterhaltung eines Pferdes bestreiten, so würde er durch in solchen Gegenden, wie z. B. das Riesengebirge, auszuführende Messungen, welche mit Meßtisch-Aufnahmen rücksichtlich der Genauigkeit verglichen werden könnten, seine Angaben strenge erweisen.

Mit dem so genannten Reflektor des Obersten Douglas (Netto's Vermessungskunde, erster Th., S. 200.) darf man das hier beschriebene Werkzeug nicht vergleichen wollen, ohne sich einer Ungerechtigkeit schuldig zu machen, denn der Erstere enthält so viele Konstrukzions-Bedingungen, daß es dadurch dem praktischen Mechaniker fast zur reinen Unmöglichkeit wird, ihn fehlerfrei herzustellen, woher es auch dann unmöglich fallen muß, mit demselben richtige Arbeiten zu liefern.

Geschrieben im December 1825.

Dr. Netto.

Inhalt.

Erster Abschnitt.

Zweiter Abschnitt.

Dritter Abschnitt.

System der Aufgaben des Aufnehmens überhaupt; hieraus entspringende Messungs-Methoden. Elementar-Aufgaben des militärischen Aufnehmens und deren Auflösung vom Pferde aus. Weitenmessung durch aliquote Theile; Abstecken von Parallelen und Kapitalen im Felde.

Vierter Abschnitt.

Fünfter Abschnitt.

Erster

Erster Abschnitt.

Maß- und Verjüngungsverhältnisse.

1. Maßverhältnisse.

Für den preußischen Staat ist Maßeinheit des Längenmaßes der **preußische Fuß**. Dieser enthält nach den gesetzlichen Bestimmungen der königlichen Eichungs-Kommission

139,13 **Linien des pariser Fußes**,

und es sind, da der pariser Fuß in 144 Linien getheilt wird,

144 preußische Fuße = 139,13 pariser Fußen.

Durch Aneinandersetzung von **zwölf** solchen preußischen Fußen zu einer Länge entstehet die Einheit des Feldlängenmaßes, **die preußische Ruthe**, deren Unterabtheilungen, der bequemeren Rechnung halber, zehntheilig sind. Es heißen demnach:

$\frac{1}{10}$ der preußischen Ruthe ein Feld- oder Dezimalfuß,

$\frac{1}{100}$ der preuß. Ruthe oder $\frac{1}{10}$ des Feldfußes	ein Feld- oder Dezimalzoll,
$\frac{1}{1000}$ der preuß. Ruthe oder $\frac{1}{100}$ des Feldfußes oder $\frac{1}{10}$ des Feldzolles	eine Feld- oder Dezimallinie.

Zur Unterscheidung, und um Verwechselungen vorzubeugen, wird der oben erwähnte preußische Fuß, dessen sich alle Handwerker zu ihren Arbeiten bedienen,

Werkfuß oder Duodezimalfuß

genannt, so wie dessen zwölftheilige Unterabtheilungen: Werkzolle (Duodezimalzolle), Werklinien (Duodezimallinien) ꝛc.

Es ist nach Vorigem

1 Feldfuß = 1,2 Werkfuß
= 1 Werkfuß, 2 Werkzoll, 4,8 Werklinien,

wenn 1 Werkfuß = 12 Werkzollen
und 1 Werkzoll = 12 Werklinien ist.

Man schreibt nach allgemeiner Annahme:

statt 1 Ruthe : 1°

statt 1 Fuß : 1'
statt 1 Zoll : 1''
und statt 1 Linie : 1'''

und hängt an die Zeichen ', '', ''', wenn Duodezimal- oder Werkmaß bezeichnet werden soll, die Buchstaben ddc, wenn aber Dezimalmaß oder Feldmaß bezeichnet werden soll, die Buchstaben dc.

So schreibt man 1 Fuß 8 Zoll 5 Linien
Werkmaß 1'8''5''' ddc
und 6 Fuß 5 Zoll 4 Linien
Feldmaß 6'5''4''' dc.

Die größte Einheit des Feldlängenmaßes ist die preußische Meile; nach gesetzlichen Bestimmungen ist

1 preuß. Meile = 2000 preuß. Ruthen,
= 20000 Feldfußen,
= 24000 Werkfußen,
= 10000 geom. Schritten.

Der geometrischen Schritte, deren jeder 2 Feldfuß lang sein soll, und wovon also 5 Schritte = 1°, bedient man sich, um Längen mit annähernder Richtigkeit abzuschreiten. Da aber die Größe der Menschen mit der Länge ihrer Schritte im Verhältniß stehet, so findet auch eine Verschiedenheit der Schritte Statt, und man würde sehr irrig handeln, wenn man die Länge des Schrittes eines jeden Menschen genau für 2 Feldfuß annehmen wollte.

Das Verhältniß des Menschenschrittes und der Galoppsprünge der Pferde gegen die Ruthe wird am allerbequemsten durch Abmessen einer langen Linie mit der Meßkette, und mehrfach wiederholtes Abschreiten oder Abgaloppiren derselben gefunden. Aus den verschiedenen Resultaten, welche man bei Letzterem erhält, nimmt man, um genau zu verfahren, das arithmetische Mittel. Nach dem Verhältniß des Schrittes zur Ruthe entwerfe man, nach Seite 7 meines Wegweisers zum Aufnehmen, einen Schrittmaßstab.

2. Verjüngungsverhältnisse.

Hierunter verstehet man diejenige Zahl, welche anzeigt, der wie vielste Theil die in der Aufnahme vorkommenden Entfernungen je zweier Punkte von der wirklichen Entfernung dieser Punkte auf dem Felde sind.

Schickliche Verjüngungsverhältnisse zum Aufnehmen sind folgende.

I. Die Länge der Meile $= 16''^{dc}$.
Hier ist jede Weite zweier Punkte in der Aufnahme
$= \frac{1}{12500}$ der wirklichen Entfernung.
Diese Verjüngung eignet sich zu Unterrichts-Aufnahmen, zu Lager- und Manöverplanen.

II. Die Länge der Meile $= 8''^{dc}$
gibt jede Weite in der Zeichnung als
$\frac{1}{20000}$ der wirklichen Entfernung.
Die topographischen Aufnahmen des preußischen Staats sind nach diesem Verjüngungsverhältniß entworfen.

III. Die Länge der Meile $= 4''^{dc}$
gibt jede Meile in der Zeichnung
$= \frac{1}{50000}$ der wirklichen Entfernung.

Solche Operationskarten können nur von denen Aufnehmern, die durch sehr lange Praxis besonders geübt sind, aufgenommen werden.

Ueber die Verjüngungsverhältnisse der Reductionen lese man meinen Wegweiser zum Aufnehmen S. 10. nach; in welchem auch die Anfertigung der Maßstäbe und der Gebrauch derselben, welchen ich hier voraus setze, anzutreffen ist.

Zur Vergleichung des preußischen Duodezimalfußes mit dem pariser Fuß und Meter ist:

1′	preuß.	=	0,9661806′	pariser
		=	0,3137502	Meter,
1′	pariser	=	1,0350032′	preuß.
		=	0,3247325	Meter,
1	Meter	=	3,1872490′	preuß.
		=	3,079458′	pariser.

Zweiter Abschnitt.

Theorie und Beschreibung des neu erfundenen Meßtisches ohne Stativ, des katadioptrischen Visirlineals und des übrigen, zum Aufnehmen vom Pferde aus, erforderlichen Apparats.

α) Beschreibung des Meßtisches.

Er bestehet aus einem quadratförmigen Reißbrette, von 8½ Dezimalzoll Seitenlänge und ½ Dezimalzoll Dicke, welches in den Diagonalen des Quadrats aus vier Stücken Lindenholz, vermittelst eingeschobener Federn von Lindenholz, zusammen geleimt ist. Die Holzfasern (Jahre) eines jeden einzelnen der vier rechtwinklig-gleichschenkligen Dreiecke, aus welchen das Quadrat zusammen geleimt ist, laufen mit den Seiten des Quadrats gleich, wie A Fig. I, Tafel 1. zeigt.

Auf der untern Fläche ist, mittelst dreier Holzschrauben, eine runde messingene Scheibe aufgeschraubt, in deren Mittelpunkte sich eine Schraubenmutter eingeschnitten befindet, in welcher die Handhabe B eingeschraubt wird. Diese Handhabe B dienet, den eben beschriebenen Meßtisch, mit dem darauf befestigten katadioptrischen Visirlineal, dessen Theorie und Beschreibung folgt, in freier Hand zu halten, und durch die eigenthümliche Einrichtung des katadioptrischen Visirlineals kann das Visiren und Ziehen der Linien mit völlig derselben Genauigkeit, wie bei einem gewöhnlichen mit Stativ versehenen Meßtische, verrichtet werden.

Durch diese eigenthümliche Einrichtung, welche das Stativ des Meßtisches entbehrlich gemacht hat, sind folglich auch alle diejenigen Fehler vermieden, welche sonst bei dem Aufnehmen mit gewöhnlichen, mit Stativen versehenen, Meßtischen in dem Mangel an Stabilität oder an Standfestigkeit der Stative ihren Ursprung hatten; ohne daß dadurch andererseits die Genauigkeit des Aufnehmens mit diesem eigenthümlichen Werkzeuge, durch die Entbehrung des Stativs, durch eine zitternde Bewegung der Hand, oder durch die Beschaffenheit des katadioptrischen Visirlineals überhaupt, gegen die mit dem vollkommensten Meßtische mit Stativ zu erreichende Genauigkeit genommen, nur im Geringsten vermindert worden wäre.

Doch ist hierzu unumgänglich nöthig, die Theorie des katadioptrischen Visirlineals, welche in den folgenden Blättern selbst für ganz Unkundige mit vollkommener Deutlichkeit abgehandelt ist, gut einzustudiren, um nicht durch unrichtige Handhabung des Werkzeuges jene Fehler zu begehen, die nicht in dem Werkzeuge selbst, sondern nur einzig und allein in der unrichtigen Anwendung desselben, liegen.

Die meisten unserer jungen Leute, welche dergleichen Wissenschaften erlernen wollen, haben, wie mir wenigstens die Praxis täglich zeigt, selten viel Lust, solche Theorien einzustudiren; sie trauen sich leider selbst zu viel Scharfsinn zu, um nicht nöthige Fingerzeige anderer auf solche anscheinend geringfügige Umstände, die aber zu großen Fehlern in der Praxis Anlaß geben, überhaupt aus beliebtem Absprechungsvermögen, als eine unnütze Breite, Weitschweifigkeit, Kleinigkeitskrämerei, Kamaschengeist, und wie dergleichen beliebte Kraftausdrücke mehr heißen mögen, zu achten, und begnügen sich daher schon, wenn sie nur oberflächlich einige wenige Handgriffe zur Handhabung des Werkzeuges, oft auch nur halb, begriffen haben. Diesen möchte ich wohlmeinend den Rath geben, sich des hier beschriebenen Werkzeuges zum Aufnehmen unter solchen Umständen nicht zu bedienen, indem sie dann nur durch ihre Arbeiten Anlaß geben könnten, das Werkzeug selbst in Mißkredit zu setzen. Dagegen gebe ich aber jedem, der dieses Werk mit Fleiß und Aufmerksamkeit studirt, und sich mit Beachtung eines jeden, von mir nicht ohne Grund gegebenen, Fingerzeigs im Gebrauche des Werkzeuges gehörig einübt, die Versicherung, daß der beschriebene Apparat eben so genaue Resultate und mit derselben Schnelligkeit liefert, wie das beste Meßwerkzeug der militärischen Meßkunst; nur darf man nie unterlassen, vor jeder Winkelmessung die Berichtigung der Spiegelstellung vorzunehmen.

β) Theorie und Beschreibung des katadioptrischen-Visirlineals und Winkelmessers.

1) Theorie desselben.

Zur Begründung der Theorie dieses Werkzeuges, so wie überhaupt der Spiegelwerkzeuge, sind folgende Sätze zu merken nöthig, deren nähere Erläuterung ins Gebiet der optischen Wissenschaften (Optik, Katoptrik und Dioptrik) gehört und in jedem guten Lehrbuche derselben, z. B. in dem von Abel Bürja (S. 98. ff.), nachgelesen werden kann.

I. Wenn man aus A Fig. I. Taf. 2. senkrecht auf die Fläche eines ebenen Spiegels *) (Planspiegels) siehet, dessen Durchschnitt DE zeigt, so erblickt man in demselben ein Bild B von sich selbst, eben so, als wenn derselbe vollkommen durchsichtig wäre, und sich dieses Bild B eben so weit hinter demselben in B befände.

Hier, wo AC=CB und AC senkrecht auf DE ist, werden folglich senkrecht auf den Spiegel DE fallende Lichtstrahlen oder Bilder AC in derselben Richtung AC reflectirt oder zurück gestrahlt.

*) Unter den hier erwähnten Spiegeln werden immer ebene oder Planspiegel und zwar gläserne verstanden, wenn auch solches fernerhin nicht mehr ausdrücklich erwähnt wird.

II. Verändert man die Stellung gegen den Spiegel und siehet aus F nicht senkrecht, sondern schief unter einem Winkel DCF in der Richtung FC, in den Spiegel DE, so erblickt man scheinbar hinter dem Spiegel DE ein Bild O von einem Gegenstande G, welcher unter einem Winkel ECG = dem Winkel DCF eben so weit vor dem Spiegel DE sich befindet, als das Bild O scheinbar hinter demselben.

Hier, wo ∠ DCF = ∠ ECG, und auch da, weil AC senkrecht zu DE, ∠ FCA = ∠ ACG ist, werden folglich die unter einem spitzen Winkel ECG auf den Spiegel DE einfallenden Lichtstrahlen oder Bilder GC eines Gegenstandes G unter einem in der Neigung eben so großen Winkel DCF nach der Richtung CF zurück gestrahlt oder reflectirt, und sind nur von solchen Punkten aus, welche in der Richtung CF oder ihrer Verlängerung angenommen werden, in dem Spiegel DE zu erblicken möglich.

III. Die in I. und II. bemerkten Punkte, Linien, und Winkel haben folgende Benennungen.

C der Zurückstrahlungs- oder Reflexionspunkt *),

AC das Einfallsloth oder die Einfallskathete,

BC die Verlängerung desselben,

GC der einfallende Strahl,

FC der zurück geworfene Strahl,

CO die Verlängerung desselben,

∠ ECG der Neigungswinkel des einfallenden Strahls,

∠ DCF der Neigungswinkel des zurück geworfenen Strahls,

∠ ACG der Einfallswinkel des Bildes von G,

∠ ACF der Abprallungswinkel des Bildes von G **),

---

*) Dieser Punkt liegt weder auf der Vorder- noch auf der Hinterfläche gläserner Spiegel, sondern innerhalb des Glases zwischen beiden, und senkrecht von der Hinterfläche um $\frac{1}{3}$ der Dicke des Spiegels entfernt. Verm. Nummer VII.

**) Mehrere optische Schriftsteller verwechseln die Benennung Neigungswinkel mit Einfallswin-

∠ GCF der Zurückstrahlungs-, Reflexions-, oder Füllungswinkel.

Nach Nummer II. sind:

1) Einfallswinkel ACG = Abprallungswinkel ACF, folglich da ∠ ACD = ∠ ACH = R:

2) Neigungswinkel ECG = DCF.

IV. Die Punkte G, C, O, A und F liegen in einer zur Spiegelfläche DE senkrechten Ebene, der Reflexionsebene.

V. Die Spiegel, welche zu Meßwerkzeugen angewendet werden, sind größten Theils von Glas, weil der in der atmosphärischen Luft enthaltene Sauerstoff die Oberflächen metallener Spiegel zerstört, indem er sie verkalkt (oxydirt).

Die unter schiefen Winkeln auf einen Glasspiegel einfallenden Lichtstrahlen oder Bilder eines Gegenstandes werden am stärksten von der mit einem Zinnblättchen

---

kel und mit Abprallungswinkel des Bildes; ich folge der allgemeineren Annahme so wie A. Büria. Dies zur Vermeidung von Irrthümern, welche bei Nachlesung optischer Schriften den Anfängern leicht begegnen könnten.

(Zinnfolie oder Stanniol) belegten (foliirten) Hinterfläche zurück gestrahlet, oder reflectirt, und müssen daher zwei Mal durch das Glas des Spiegels gehen; nämlich das eine Mal bei dem Einfallen, um auf die Hinterfläche zu gelangen; das andere Mal beim Abprallen, um von derselben aus bis an den Ort zu gelangen, wo sie gesehen werden. Das erste Mal tritt der einfallende Lichtstrahl aus einer dünneren Materie (einem dünnern Mittel), der Luft, in eine dichtere (ein dichteres Mittel), das Glas; das andere Mal hingegen tritt der abprallende Lichtstrahl umgekehrt aus dem dichteren Glase in die dünnere Luft. Aus dem in der folgenden Nummer erläuterten Versuche des René Descartes (Cartesius) leitet sich der Erfahrungssatz ab:

daß jeder Lichtstrahl (oder jedes Bild) bei dem Uebergange aus einem dünneren Mittel in ein dichteres, oder umgekehrt, wenn solcher nicht senkrecht, sondern unter einer schiefen Richtung, gegen die gemeinschaftliche Grenzlinie dieser verschiedenen Mittel übergehet, von seiner anfänglichen Richtung unter einem spitzen Winkel abgelenkt oder, wie man in technischer Beziehung zu sagen pflegt, gebrochen wird.

Die vordere polirte Glasfläche eines jeden Spiegels gibt, bei dem Spiegel sehr nahen Gegenständen, ein zweites, obwohl schwächeres, Bild desselben Gegenstandes, und durch gegenseitige Abspiegelung der auf der Vorderfläche und der auf der Hinterfläche entstehenden Bilder entstehet eine unendliche Menge Spiegelbilder, von welchen aber nur ein einziges mit vollkommener Deutlichkeit, einige wenige aber nur sehr schwach zu erkennen sind. Hält man Abends ein brennendes Licht einen Zoll senkrecht von der Mitte der Vorderfläche eines gewöhnlichen Wandspiegels entfernt und siehet, mit dem dicht an den Rahmen gelegten Auge, unter einem sehr spitzen Winkel, nach dem Bilde der Flamme in dem Spiegel; so wird man sich

von

von der Wahrheit des eben Gesagten vollkommen überzeugen. Eben so erblickt man, am Tage, von einer senkrecht auf die Vorderfläche eines Spiegels gesetzten Nadel, wenn man ebenfalls so in den Spiegel siehet, daß das Auge, die Nadelspitze, und die Glasfläche einen sehr spitzen Winkel bilden, in dem Spiegel mehrere Bilder der Nadel.

Bei Parallelspiegeln sind höchstens, mit Einschluß des Hauptbildes, nur zwei Bilder, und zwar nur unter sehr spitzem Winkel, von dem Spiegel ganz nahen Gegenständen sichtbar; weßhalb bei dem Gebrauche solcher Spiegel zu Meßwerkzeugen, wegen der Stellung der Spiegel gegen das Auge des Beobachters, und wegen größerer Entfernung der sich abspiegelnden Gegenstände, nur ein einziges, nämlich das Hauptbild, gesehen wird; bei Spiegeln hingegen, deren Oberflächen nicht parallel sind, ist die Erscheinung auffallender, man siehet oft 5 bis 6 Nebenbilder, wie man an jedem gewöhnlichen Wandspiegel sich überzeugen kann, weßhalb solche nicht zu Meßwerkzeugen angewendet werden können.

Bei Parallelspiegeln siehet man, auch unter spitzen Abprallungswinkeln, nur von entfernten Gegenständen das Hauptbild allein; bei nicht parallelen Flächen des Spiegels erblickt man auch von entfernten Gegenständen zwei Bilder. Dieser erstere Umstand dienet, die Parallelität der Flächen eines Spiegels mit hinlänglicher Genauigkeit leicht zu prüfen.

VI. Zwei Brettchen, AB und CD Fig. 2., werden unter einem rechten Winkel BDC mit einander verbunden, und dicht in den dadurch gebildeten Winkel BDC ein massiver gläserner Würfel EFHK gelegt. Wird nun das Ganze so horizontal in die Sonne gestellt, daß der von dem Brette CD, welches nur um ein Geringes höher als der Würfel sein darf, entstehende Schlagschatten HI noch innerhalb der Grundfläche HK des gläsernen Würfels fällt: so wird derselbe beinahe um den dritten Theil schmäler sein, als der Schlagschatten HL, welchen das Brett

Brett CD auf das Brett AB wirft. Daraus gehet hervor, daß jeder den Schlagschatten HI innerhalb des Glases begrenzende Lichtstrahl GI eine andere Richtung in dem Glase nehme, als jeder den Schlagschatten HL in der freien Luft begrenzende Lichtstrahl GL; demnach erleidet jeder aus der Luft ins Glas übergehende Lichtstrahl eine Ablenkung von seiner ursprünglichen Richtung und wird gebrochen.

Da sich HL : HI = 3 : 2 (beinahe) verhalten und da, als Wechselwinkel, der Winkel HGL dem Einfallswinkel hGl des Lichtstrahls GL und der Winkel HGI dem Einfallswinkel hGi des Lichtstrahls GI (also dem Brechungswinkel HGI) gleich sind: so verhält sich für GL, als Halbmesser betrachtet,

da HL : HI = 3 : 2 (beinahe),

der Sin. des Einfalls ∠ HGL zum

Sin. des Brechungs ∠ HGI = 3 : 2

(beinahe), welches das Brechungsverhältniß aus Luft in Glas ist.

VII. Der Punkt a Fig. 3., in welchem, im Glase, die Verlängerungen des einfallenden- und des von dem Spiegel zurück geworfenen Lichtstrahls in der Luft, sich schneiden, wird folgender Maßen konstruktiv bestimmt.

Im L, wo der unter dem Winkel CLF auf die Durchschnittsfläche ABCD des ebenen Spiegels einfallende Lichtstrahl FL den Spiegel ABCD trifft, errichte man auf BC die Senkrechte LK, fälle aus F die Senkrechte FK auf KL und mache FI = ⅔ FK. Durch I und L ziehe man IH, so ist LH die Richtung des einfallenden Lichtstrahls innerhalb des Glases. Unter dem Winkel AHG = dem Winkel DHL ziehe man aus H die Linie HG, welche die Richtung des von der Hinterfläche des Spiegels zurück geworfenen Lichtstrahls im Glase ist. Aus dem dadurch bestimmten Punkte F ziehe man GE unter einem Winkel BGE = dem Winkel CLF, so ist GE die Richtung des von dem Spiegel zurück geworfenen Lichtstrahls in der Luft.

Verlängert man FL bis i, KL bis k, und EG bis zum Schneidungspunkte a, und ziehet durch a und H die Linie bH; so läßt sich leicht erweisen, daß bH auf AD und der ihr parallelen BC senkrecht ist. Demnach ist auch eben so leicht zu erweisen, daß

$\triangle$ KLF $\backsim$ $\triangle$ kLi,

$\triangle$ KLI $\backsim$ $\triangle$ kLH,

und KF : KI = ki : kH,

da aber KF : KI = 3 : 2 (beinahe) nach Nummer VI.;

so ist auch ki : kH = 3 : 2 (beinahe).

Eben so leicht ist aber auch ferner zu erweisen, daß

$\triangle$ baL $\backsim$ $\triangle$ kLi,

$\triangle$ bHL $\backsim$ $\triangle$ kLH,

und kL : ab = ki : bL;

da aber kL = bH und bL = kH,

so ist auch bH : ab = ki : kH;

da aber ki : kH = 3 : 2 (beinahe),

so ist endlich bH : ab = 3 : 2.

Es liegt folglich der Reflexionspunkt a des Spiegels senkrecht, von der Hinterfläche desselben, um

½ bH der Spiegeldicke = aH entfernt; vergl. Anmerkung auf Seite 13.

Dieser Punkt muß auch deßhalb stets zum Drehpunkte der beweglichen Spiegel genommen werden, weil er der eigentliche Scheitelpunkt des durch die Neigung der Lichtstrahlen zu messenden Winkels ist, und man die Achse des beweglichen Spiegels, zur richtigen Winkelmessung, vorzüglich bei feineren Messungen jedes Mahl genau, über den Scheitelpunkt des auf dem Felde zu messenden Winkels stellen muß.

VIII. Dreht man den Spiegel DE Fig. 1., ohne den Standort F gegen denselben zu verändern, um den Reflexionspunkt C, aus der Lage DE in die Lage MN, so, daß er den Winkel HCI beschreibt; so wird die Einfallskathete AC denselben Winkel ACK = ∠ HCI durchlaufen und nach dieser Drehung in die Richtung KC fallen. Der Abprallungswinkel KCF ist, in Vergleichung mit der Größe des Abprallungswinkels ACF in der ersteren Lage DE, dadurch um den Winkel

ACK = ∠ HCI gewachsen; da ihm der Einfallswinkel KCL vermöge Nummer II. gleich ist, so ist auch dieser um die Größe des Winkels HCI gewachsen; folglich ist der Zurückstrahlungswinkel FCL als die Summe der beiden Winkel FCK und KCL um den doppelten ∠ HCI gewachsen, wenn der Spiegel DE um den einfachen Winkel HCI in die Lage MN gedreht worden ist.

IX. Der in voriger Nummer erläuterte Satz begründet die von dem Engländer John Hadley *) entdeckte, zur Winkelmessung brauchbare, Verbindung zweier Spiegel AB und CD, Fig. 4. Der größere Spiegel AB ist, wie gewöhnlich, ganz belegt (foliirt); der kleinere, eben so hohe, ist im obern Drittel von der Belegung (Foliirung) befreiet, so, daß man, durch dieses obere Drittel, frei nach G sehen kann. Beide stehen

*) S. Vermessungskunde, 1. Th. Spiegelsextant.

senkrecht mit ihren Flächen auf der Ebene, und AB ist um seinen Reflexionspunkt α drehbar.

Ist der Gegenstand G unendlich weit von dem Auge eines in O sich befindenden Beobachters entfernt, wie z. B. die Sonne von einem auf der Erde angenommenen Punkte; so müssen die Spiegel AB und CD, um aus O im Spiegel CD das ganze Bild von G zu erblicken, folgende Stellung gegen einander haben.

Es müssen die Neigungswinkel

$$\left.\begin{array}{r} O\beta C = D\beta\alpha \\ \text{und } A\alpha\beta = B\alpha G^{I} \end{array}\right\} \text{wegen Num. II.,}$$

ferner muß $O\beta C = B\alpha G^{I}$ sein;

so ist CD # AB und αG^{I} # OG.

Nun ist aber $\alpha G^{I} = OG = \infty$ *)

und $\alpha\delta$ dagegen $= \frac{1}{\infty} = 0$;

folglich treffen auch die in unendlich geringem Abstande $\alpha\delta = 0$ parallel neben einander fortlaufenden Strahlen OG und αG^{I} einen und denselben unendlich entfern-

*) ∞ bezeichnet das unendlich Große und $\frac{1}{\infty}$ dagegen das unendlich Kleine.

ten Gegenstand G. Es wird aber G aus O im Punkte β, wegen der Gleichheit der Neigungswinkel und Parallelität der Strahlen, sichtbar sein; indem der untere Theil dieses Gegenstandes aus G' in α auf den Spiegel AB fällt, von demselben aber unter gleichem Neigungswinkel aus α nach β, auf denjenigen Theil von CD, welcher Spiegel ist, zurück gestrahlt und endlich aus β von dem Spiegel CD unter gleichem Neigungswinkel nach O zurück gestrahlt wird; während der obere Theil desselben Gegenstandes G aus O durch den obern Theil des Spiegels CD, welchen eine durchsichtige Glasscheibe bildet, direkt sichtbar ist.

Es heißen hier:

G'α der einfallende Strahl,
$\alpha\beta$ der einfach zurück geworfene Strahl,
βO der doppelt zurück geworfene Strahl,
OG der direkte Strahl.

Terrestrische, d. h. endlich entfernte, Gegenstände, wie z. B. G, erfordern hingegen, daß die Ebenen AB und CD nicht parallel stehen, sondern nach B und D hin genugsam verlängert sich schneiden (convergiren). Die Größe des Winkels X ihrer Neigung gegen einander ist dem halben Winkel $OG\omega$ gleich, dessen Größe die beständige (constante) Größe $\omega\delta$ (der senkrechte Abstand des Reflexionspunktes des großen Spiegels AB von der Visirlinie OG) und die veränderliche Größe OG (Weite des Objekts G) bestimmen.

Dieser Winkel X ist es eigentlich, den wir später unter dem Namen der Colimation oder des Indexfehlers kennen lernen werden, und der von dem Dr. Benzenberg in seiner Trigonometrie irrthümlich unter dem Namen Parallaxe als ein neues Corrections-Element bei der Winkelmessung angegeben wird. Es gibt keine Parallaxe für den vollständig in der Theorie der Spiegelwerkzeuge Eingeweihten. Hiervon in der Folge den Beweis.

Denn da

$$\left.\begin{array}{ll} 1. & O\beta\alpha = \beta\alpha G + OG\alpha \\ 2. & O\beta C + O\beta\alpha = B\alpha G + \beta\alpha G + X \\ 3. & A\alpha\beta = D\beta\alpha + X \end{array}\right\} \text{als äußere } \angle\angle$$

$$\left.\begin{array}{ll} 4. & O\beta C = D\beta\alpha \\ 5. & A\alpha\beta = B\alpha G \end{array}\right\} \text{nach Num. II.,}$$

so ist aus 1. und 2.

$$O\beta C + \beta\alpha G + OG\alpha = B\alpha G + \beta\alpha G + X$$

oder $O\beta C + OG\alpha = B\alpha G + X$

Mithin $OG\alpha = B\alpha G - O\beta C + X$. 2c.

Hieraus ergibt sich, wenn die Werthe aus 4. und 5. substituirt werden,

$$OG\alpha = A\alpha\beta - D\beta\alpha + X.$$

Aus 3. ist aber $A\alpha\beta - D\beta\alpha = X$.

Folglich $OG\alpha = 2X$

und $\frac{OG\alpha}{2} = X$.

Der Winkel X der Neigung der Spiegel oder die Colimation ist dem halben $\angle OG\alpha$ gleich.

X. Wird aber der Spiegel AB durch Drehung in eine andere Lage MN gebracht, so kann, da der Augenpunkt O und der kleine nur unten belegte Spiegel CD ihre Lage nicht verändern, sich auch die Richtung des einfach zurück geworfenen Strahls $\alpha\beta$ und die des doppelt zurück geworfenen Strahls βO ebenfalls nicht verändern. Da aber der Neigungswinkel $A\alpha\beta$ des zurück geworfenen Strahls, durch die Drehung des großen Spiegels AB in die Lage MN, um den Winkel $K\alpha L$ der Drehung verkleinert und gleich $L\alpha\beta$ geworden ist; so muß auch der $A\alpha\beta$ gleiche Neigungswinkel $B\alpha G$ des einfallenden Strahls um denselben Winkel $B\alpha N$ $= K\alpha L$ verkleinert und nun $N\alpha I = L\alpha\beta$ geworden sein. Man wird daher aus O im oberen Glastheile des kleinen Spiegels CD den Gegenstand G direkt (oder dioptrisch) erblicken, während senkrecht unter ihm im Spiegeltheile des kleinen Spiegels CD durch Abspiegelung (oder katoptrisch) das Bild des Gegenstandes I zu sehen ist. Hier ist $I\alpha$ der einfallende Strahl. Diese katadioptrische Erscheinung wird bei jeder Winkelmessung hervor zu bringen gesucht, und der Winkel $K\alpha L$ der Drehung des großen Spiegels AB ist stets die Hälfte des zu messenden Winkels IαG, den die Objekte I und G mit dem Scheitelpunkte α bilden. Die Größe von KαL gibt ein mit dem großen Spiegel AB fest verbundener Zeiger AK (Alhidade) auf einem in Grade eingetheilten Kreisbogen KL (Limbus, Gradbogen) an. Werden nun auf Letzterem halbe Grade für ganze bezeichnet, so kann man gleich die Größe des ganzen Winkels IαG ablesen.

Denn bei der Drehung des großen Spiegels AB um den Winkel KαL in die Lage MN beschreibt die Einfallskathete αE einen Winkel EαF = KαL (vermöge Num. VIII.) und es ist

1) EαF = KαL

2) βαE = EαG

3) βαF = IαF } (verm. Num. II.)

Es ist aber IαG = IαF + FαG (n. d. Zeichn.) und, wenn darein aus 3. der Werth substituirt wird,

IαG = βαF + FαG (A).

Ferner ist βαF = EαF + βαE (n. d. Zeichn.), und, wenn aus 1. der Werth subst. wird,

βαF = KαL + βαE (B).

Endlich ist $F\alpha G = E\alpha F - E\alpha G$ (n. d. Zeichn.), und, wenn aus 1. und 2. die Werthe substituirt werden,

$$F\alpha G = K\alpha L - \beta\alpha E \quad (\mathfrak{C}).$$

𝔅. u. ℭ. addirt geben $\beta\alpha F + F\alpha G = 2K\alpha L$.

Nach 𝔄 ist aber $I\alpha G = \beta\alpha F + F\alpha G$,

daher $I\alpha G = 2K\alpha L$

und folglich $K\alpha L = \frac{I\alpha G}{2}$.

XI. Der Winkel, welchen dann die genugsam verlängerten Oberflächen MN und CD einschließen, ist die Hälfte des Winkels, den der direkte Strahl OG und die Verlängerung des einfallenden Strahls $I\alpha$ einschließen.

Es sei nämlich

HF Fig. 5. der verlängerte einfallende Strahl,

FG der direkte Strahl,

BE die verlängerte Richtung des großen Spiegels,

DE die verlängerte Richtung des kleinen Spiegels;

so ist

1) $B\alpha H = \beta\alpha E = E\alpha F$ (verm. Num. II. und als Wechsel $\angle$),

2) $\alpha\beta D = F\beta E$ (verm. Num. II.),

3) $EI\beta = FI\alpha$ als Wechsel $\angle$,

4) $\alpha\beta D = \alpha E\beta + \beta\alpha E$ als Außen $\angle$.

Vermöge 3. ergibt sich,

daß $\alpha F\beta + E\alpha F = F\beta E + \alpha E\beta$.

Mithin ist $\alpha F\beta = \alpha E\beta + F\beta E - E\alpha F$ (A).

Nun war aber 4. $\alpha\beta D = \alpha E\beta + \beta\alpha E$.

Substituirt man hierein die Werthe aus 1. und 2.; so ist

$$F\beta E = \alpha E\beta + E\alpha F$$

und $\alpha E\beta = F\beta E - E\alpha F$ (B).

Wird der Werth aus B. in A. gesetzt, so ist $\alpha F\beta = 2\alpha E\beta$,

und folglich $\alpha E\beta = \frac{\alpha F\beta}{2}$, wie oben behauptet wurde.

XII. Aus Nummer IX. ersiehet man leicht, daß der Nullpunkt K der Gradeintheilung des Kreisbogens KL Fig. 4. nur auf einer Stelle, z. B. K, des Werkzeuges angegeben werden kann. Wird nun, bevor die Winkelmessung zwischen terrestrischen Objekten I und G'' vorgenommen wird, die Stellung der Spiegel nach einem unendlich entfernten Objekte, z. B. der Sonne G, bestimmt, und nun erst der Nullpunkt K angegeben; so siehet man auch aus Num. IX., daß die Größe des Winkels X eine veränderliche Stellung des großen Spiegels, und mithin auch eigentlich des Nullpunktes, bedingt, wenn bei einer Winkelmessung der direkt sichtbare Gegenstand G'' ein näheres Objekt ist, als das Objekt G, nach welchem die Stellung der Spiegel und des Nullpunktes K angegeben ist; denn es zeigen sich dann durch das Diopter beide Hälften des Gegenstandes G'' nicht so vollkommen senkrecht unter einander, sondern die untere im Spiegel sich zeigende, für den angenommenen Fall, etwas links von der oberen durch den Glastheil des kleinen Spiegels direkt sichtbaren abstehend. Zu diesem Zwecke bringt man zuerst entweder vermittelst der Alhidade AK die Bilder der Gegenstände I und G'' im kleinen Spiegel senkrecht unter einander (oder zur Bedeckung) und lieset den Abstand des Zeigers der Alhidade vom Nullpunkte

punkte K ab; oder man dreht den großen (bisweilen auch nur den kleinen) Spiegel, ohne die Alhidade vom Nullpunkte K wegzurücken, mit einer an dem Spiegel befindlichen Vorrichtung, bis die Vereinigung der beiden Hälften oder diese Bedeckung erfolgt. Im ersten Falle wird der abgelesene Abstand des Zeigers der Alhidade vom Nullpunkte K, welches der schon erwähnte Colimations- oder Indexfehler ist, zu dem später gemessenen Winkel addirt, wenn der Zeiger links vom Nullpunkte K, nach T zu, fällt; und von jenem Winkel subtrahirt, wenn er rechts fällt. Letzteres kann aber nur dann Statt finden, wenn der auf dem Werkzeuge angegebene Nullpunkt und die Richtung der Spiegel, mittelst eines nahen Objektes G'', bestimmt wurden, und nachher Winkel gemessen werden sollen, bei denen das direkte sichtbare Objekt G entfernter als G'' ist.

XIII. Die senkrechte Stellung der Spiegel AB und CD wird folgender Maßen bewerkstelligt und geprüft. Zwei Diopteren von der Höhe der Spiegel A und B, Fig. 6., haben die Beschaffenheit, daß das Ocularloch A im Ocular-Diopter A und ein Horizontalfaden CD im Objektiv-Diopter B gleiche Höhe haben. Man untersucht dieß durch Aufstellung auf eine Ebene und Aneinandersetzung der Flächen, wo dann, man mag das Visirloch horizontal verschieben, wie man will, solches durch den Faden CD überall vollkommen gedeckt werden muß. Sie dienen zuerst, den großen Spiegel senkrecht zu stellen. Man befestigt daher denselben durch seine Befestigungsschrauben, setzt dicht vor denselben das Objektiv-Diopter mit dem Faden CD und in einiger Entfernung davon das Ocular-Diopter mit dem Visirloche A. Siehet man durch letzteres und bemerkt, daß der Faden CD des Objektiv-Diopters das im Spiegel sichtbare Bild des Ocularlochs genau halbirt, so steht der große Spiegel senkrecht auf der Ebene. Im Gegentheile, wenn das Bild des Ocularlochs im Spiegel höher oder tiefer als der Horizontalfaden CD erscheint, ist der Spiegel gegen die Ebene etwas geneigt; wohin, kann folgende Betrachtung lehren.

Es stelle Fig. 7. A das Ocular-Diopter, B das Objektiv-Diopter und C den Spiegel, alles auf einer Ebene und im Durchschnitt gesehen, dar, so wird bei der Neigung des Spiegels C nach vorn aus dem Ocularloche a der senkrechte Strahl ac den Spiegel in c treffen, und an diesem Orte das Bild des Ocularlochs, mithin höher, als der in b sichtbare Horizontalfaden b, erscheinen.

Umgekehrt wird, wie leicht Fig. 8. mit Anwendung des Gesagten zeigt, bei einer Neigung des Spiegels C' nach hinten, das Bild c' des Ocularlochs a' tiefer als der Horizontalfaden b' erscheinen. Man muß dann etwas von den drei kleinen Körnern, gegen welche die Hinterfläche des großen Spiegels durch den Rahmen gepreßt ist, behutsam da abschleifen, wo, wie die Neigung des Spiegels zeigt, sie zu hoch sind. Der kleine Spiegel kann, wenn zuerst der große Spiegel genau senkrecht gestellt ist, leicht berichtigt werden. Man wählt zu diesem Endzwecke einen nicht zu nahen, jedoch scharf begrenzten, horizontalen Gegenstand, z. B. den Forst eines Daches, den Sims eines Hauses ꝛc., und hält das zuvor auf den Nullpunkt gestellte Werkzeug mit dem kleinen Spiegel so, daß, wie in Fig. 9., neben dem im Spiegeltheile cdef des kleinen Spiegels sich abspiegelnden Theile gh des horizontalen Gegenstandes, die Fortsetzung ik des letzteren in der freien Luft sichtbar ist. Bildet das Spiegelbild gh und der in freier Luft sichtbare Theil ik des Gegenstandes nur eine unzertrennte gerade Horizontal-Linie, wie z. B. ghm, so ist auch der kleine Spiegel vollkommen senkrecht auf der Ebene des Werkzeuges; da hingegen, wenn das Spiegelbild gh tiefer, als der Theil ik des Gegenstandes in der Luft, erscheint, der Spiegel eine Neigung nach vorn, und wenn das Spiegelbild li höher, als der Theil hm des Gegenstandes in der Luft, erscheint, der Spiegel eine Neigung nach hinten hat, welche in dem ersten Falle durch Drehung der hinteren, im zweiten Falle aber durch Drehung der vorderen senkrecht in dem Fußgestelle des kleinen

Spiegels befindlichen Correctionsschrauben weggeschafft wird.

Ist nämlich C, Fig. 10., das Diopter, A der große Spiegel und B der etwas nach vorn gegen die Ebene des Werkzeuges geneigte kleine Spiegel (alles im Durchschnitt gesehen); so fällt vom Gegenstande D das Bild in a senkrecht auf den großen Spiegel A, und wird von demselben nach b in den kleinen Spiegel B zurück gestrahlt (reflectirt). Weil aber der zurück geworfene Strahl ab in b schief auf den kleinen Spiegel B wirft, so wird das in b auffallende Bild (vermöge Num. II.) auch schief von b nach γ ins Auge zurück gestrahlt, und mithin in γ tiefer erscheinen, als der in der Richtung cD in freier Luft zu erblickende Gegenstand D.

Das Entgegengesetzte findet Statt, und es erscheint in γ', Fig. 11., das Spiegelbild des Gegenstandes D' höher, als der in der Richtung c'D' in freier Luft sichtbare Theil des Gegenstandes D', wenn der kleine Spiegel B' etwas nach hinten gegen die

Ebene des Werkzeuges geneigt ist, wie mit Anwendung der vorigen Erklärung unter den eben bemerkten Umständen aus dieser Figur leicht zu ersehen ist.

XIV. Ist das Spiegelwerkzeug, an der Stelle, wo sich sonst das Diopter befindet, mit einem Fernrohre versehen, der Index oder Zeiger der Alhidade auf den Nullpunkt der Theilung gestellt, und die Richtung der Spiegel nach einem entfernten Objekte G, Fig. 4., berichtigt; so siehet man im Fernrohre, wenn man nach näheren Objekten G'' visirt, (oder auch wenn das Umgekehrte Statt findet,) nicht wie bei dem Diopter eine Trennung der obern und untern Hälfte eines Gegenstandes G'' (vermöge Num. XI.), sondern zwei vollständige Bilder des ganzen Gegenstandes, die über einander liegen, ohne sich vollkommen zu decken, oder ein so genanntes Doppelbild. Das schwächere dieser Bilder ist das von beiden Spiegeln zurück geworfene. Eben so erscheinen, wenn durch die Bewegung der Alhidade der große Spiegel gedreht und so ein Winkel gemessen wird, im Fernrohre beide Bilder der

Gegenstände, zwischen denen der Winkel gemessen worden ist, ganz vollständig. Da ihre senkrechten Achsen bei der Winkelmessung sich vollkommen decken müssen, und dieß wegen der Schwäche der Erleuchtung des von beiden Spiegeln zurück geworfenen Bildes des rechten Schenkels oft schwer zu beurtheilen ist; so muß die Beleuchtung der beiden im Innern des Fernrohrs entstehenden Bilder möglichst gleich gestimmt werden. Dieses kann nun entweder dadurch geschehen, daß man die von dem zu stark erleuchteten Gegenstande kommenden Lichtstrahlen, mittelst eines hellgrünen am Werkzeuge angebrachten Blendglases, abblendet, oder daß, durch eine senkrechte Niederbewegung des Ringes oder Trägers des Fernrohrs, das Letztere der Ebene des Werkzeuges näher gerückt wird, damit nicht alle von dem zu hell erleuchteten Objekte kommenden Lichtstrahlen, sondern nur ein Theil derselben, in das Innere des Fernrohrs gelangen, und so nur ein schwächeres Bild entstehen kann. Größten Theils ist nur das Bild des rechten Schenkels, des gemessenen

Winkels, welches von beiden Spiegeln, und zwar zwei Mahl, zurück geworfen wurde, das schwächere. Denn jedes mit einer Erleuchtung = 100 Lichtstrahlen auf einen Spiegel fallende Bild verliert durch die Zurückstrahlung ein Drittel seiner Erleuchtung = 33 Lichtstrahlen, und erscheint also, wenn es in diesem Spiegel gesehen wird, nur mit einer Erleuchtung von 66 Lichtstrahlen. Fallen diese nun aber auf einen zweiten Spiegel, so erscheinet das Bild, weil es bei der zweiten Zurückstrahlung den dritten Theil seiner Erleuchtung = 22 Lichtstrahlen verliert, nur noch mit einer Erleuchtung von 44 Lichtstrahlen. Demnach wird, wenn ein Winkel zwischen vollkommen gleich erleuchteten Gegenständen gemessen wird, sich die Erleuchtung des direkten Bildes vom linken Gegenstande zu der Erleuchtung des zwei Mahl von den Spiegeln zurück geworfenen Bildes vom rechten Gegenstande wie 100 : 44 oder wie 25 : 11 verhalten.

XV. Der Winkel, welchen bei der Winkelmessung ein jedes Spiegelwerkzeug angibt, liegt, weil die Zurückwerfung der Lichtstrahlen wegen der senkrechten Spiegelstellung parallel mit der Ebene des Werkzeuges geschiehet, in der Ebene des gemessenen Winkels selbst, und ist nur dann ein Horizontal-Winkel, wenn zufällig der Scheitelpunkt und die Schenkelpunkte auf der Erde in einerlei Horizonte liegen, welches jedoch selten geschieht. Deßhalb ist aber, wie wir in der Folge sehen, der Gebrauch solcher Werkzeuge zum Aufnehmen durchaus nicht beschränkt.

XVI. Mit dem Werkzeuge Fig. 12. sei ein Lineal EH mittelst eines concentrischen Ringes u um den Mittelpunkt E beweglich verbunden. Diese Bewegung werde durch die Bewegung des großen Spiegels MN hervor gebracht; indem $\alpha E = EV$ ist, und von V aus, unter der Mitte α der Fußplatte des großen Spiegels MN, eine vierseitige prismatische Stahlregel VW sich durchschiebt, und gleichzeitig um den Punkt V dreht.

Dieses Lineal EH schließt, wenn die Alhidade L auf den Nullpunkt K gestellt ist, sich genau an die Kante EF eines zweiten, mit dem Werkzeuge aus einem Stücke bestehenden, Lineals an, und die Stahlregel VW kommt dann in eine andere Lage Yδ.

Da Eα = EV = EY ist, und der Punkt Y bei der Bewegung des Lineals EH von Y bis V einen Kreisbogen YV beschreibt, dessen Mittelpunkt E ist, während sich der Spiegel AB in die Lage MN um einen in diesem Kreisbogen liegenden Punkt α dreht; so muß, nach dem geometrischen Lehrsatze,

„daß der Mittelpunkts-Winkel YEV doppelt so groß als der Umfangswinkel YαV ist, der mit demselben auf einem Bogen YV stehet,"

sich das Lineal EH von Y bis V um denselben Winkel bewegt haben, welchen die jetzige Lage des großen Spiegels MN mißt, weil sich der in einem Punkte α des Kreisumfanges bewegende Spiegel MN (nach Num. X.) um einen Winkel AαM, der die Hälfte dieses gemessenen Winkels ist, gedreht hat.

Demnach ist:

$2\,A\alpha M = I\alpha G'$ (verm. Num. X.)

$A\alpha M = X\alpha V$, weil der große Spiegel AB und die Stahlregel einerlei Bewegung haben,

$2\,Y\alpha V = VEY$ als Kreisumfangs- und als Mittelpunkts-Winkel.

Folgl. $I\alpha G' = VEY$.

Nun sind aber ferner

$XEY = HEV$

und ferner $X\alpha Y = H'\alpha V$

} als konstante Winkel vermöge der Zusammensetzung des Werkzeuges;

daher: $VEY = H'EX$

---

und folgl. $I\alpha G' = H'EX$.

Man kann also mit einem Bleistifte an den Kanten EF und EH beider Lineale einen Winkel H'EX zeichnen, welcher dem gemessenen Winkel $I\alpha G'$ gleich ist.

2) Beschreibung des Werkzeuges.

Auf einer $1\frac{1}{2}'''$ bis $2'''$ Dezimalmaß dicken und recht hart geschlagenen Platte VLF, Fig. 12., von gewalztem Messing, sind bei α und bei β der große Spiegel MN und CD, ersterer um den Punkt α beweglich, und mit der Alhidade ML befestigt. Die Achse, um welche sich der große Spiegel MN bewegt, ragt nicht über die Unterfläche dieser Platte vor, damit das Werkzeug auf ein mit Papier bespanntes Reißbrett genau und dicht aufgelegt werden kann. O ist das Diopter, durch welches man in dem untern belegten Theile des kleinen Spiegels CD den Gegenstand I siehet, welcher in α auf den großen Spiegel MN fällt, und von α nach β zurück gestrahlt wird, während man durch den obern nicht belegten Theil in derselben Richtung den entfernten Gegenstand G erblickt. Der kleine Spiegel kann, um die Richtung der Spiegel für jede Entfernung OG und den einmahl bestimmten Nullpunkt K zu berichtigen, mittelst der Mikrometerschrauben-Vorrichtung P um den Punkt β gedreht werden; die senkrechte Stellung dieses Spiegels wird durch die Schraube s oder durch eine, in ähnlicher Lage hinter dem Spiegel befindliche, Schraube mittelst eines kleinen Schraubenziehers bewirkt.

Die Platte γLF ist in der Mitte E ringförmig ausgearbeitet, und auf dieselbe durch drei kleine Schrauben ein, mit einem eingedrehten Falze versehener, Ring U von Glokkenmetall aufgeschraubt, in welchen ein Glas eingesprengt ist, auf dem zwei Kreuzlinien den Mittelpunkt angeben, oder es ist ein metallner Halbkreis mit eingeschnittenem Mittelpunkte eingelegt. Der an Letzteren eingedrehte Ansatz oder Falz dienet, einen zweiten mit dem Lineale H'H fest verbundenen Ring an den Ring U zu schieben, mittelst dessen das Lineal H'H sich concentrisch um den Punkt E bewegen läßt. An dem Lineale H'H ist, in einem Punkte V, welcher von E eben so weit wie α von E absteht, durch eine Schraube die Stahlregel VW drehbar befestigt. Diese Stahlregel ist, dem größten Theile ihrer Länge nach, auf beiden Seiten schief abgeflächt, und durch einen in der Fußplatte des großen Spiegels MN befindlichen Falz verschiebbar. Dreht sich nun das bewegliche Lineal H'H um den Mittelpunkt E, so theilt sich, vermittelst der Stahlregel VW, diese Bewegung so mit, daß dadurch der Spiegel MN und die Alhidade ML um den Punkt α gedreht werden, der mit V in einerlei Kreisumfange liegt, zu welchem E der

Mittelpunkt ist. Die Alhidade ML gibt vermittelst des Nonius L, welcher $\frac{16}{2}^{\circ}$ in 15 Theile getheilt gleich ist, auf dem in halbe Grade getheilten Kreisbogen KT Winkel von $2' - 2'$ an. Vom Ringe U aus ist die Platte γLF zu einem Lineale EF, welches das feste heißt, ausgearbeitet. R und Q sind Schrauben, welche die beiden Spiegel in ihren Rahmen fest halten; sie müssen stets so fest angezogen sein, daß diese Spiegel nicht wackeln, welches zu unrichtigen Resultaten bei der Winkelmessung Anlaß geben würde; dürfen aber auch nicht zu stark angezogen werden, weil sich sonst leicht die Spiegel krumm biegen und falsche Bilder geben, oder gar brechen. Endlich sind T, T, T, T, kleine erhabene Stifte, welche in die oben in beiden Zwingen angebrachten Oeffnungen genau passen, womit das Werkzeug während des Gebrauches auf dem Meßtische zu befestigen ist. Die punktirten Linien zeigen die Lage des Lineals H'H, der Stahlregel VW, und des großen Spiegels MN an, wenn das Werkzeug geschlossen, d. h., die Alhidade ML auf Null gestellt ist. δδ ist die krumme Linie, welche der Endpunkt W der Stahlregel VW bei der Bewegung des Lineals H'H beschreibt.

Jede der Zwingen, Fig. 13., ist, wie sie die Zeichnung in natürlicher Größe darstellt, von sehr hart geschlagenem Messing oder zähem feinen Gußeisen angefertigt. a ist die Oeffnung, welche über die Stifte T, Fig. 12., geschoben wird; b ist die zur Befestigung des Werkzeuges mittelst der Zwinge dienende Schraube, welche bei c mit einer drehbaren tellerförmigen Fläche verbunden ist, deren Verbindung mit der Schraube b die punktirten Linien in der Zeichnung zeigen.

Die Tafel I. Fig. 1. zeigt das mittelst der beiden Zwingen C und D auf dem Meßtische A befestigte Werkzeug E, in perspektivischer Ansicht, zu einer genaueren Erläuterung der Beschreibung, zu ersehen. Beide Abbildungen sind in natürlicher Größe.

γ) Der übrige Aufnahme-Apparat.

a) Die Hand-Boussole (Tafel 1. Fig. 2. und 3.).

Dieses Werkzeug bestehet aus der zylindrischen Büchse A von $2\frac{1}{4}''$ Durchmesser und

¾" Höhe, welche mit einem Deckel verschlossen werden kann. Auf dem im Innern der Büchse in deren Mitte eingeschraubten Stahlstifte balancirt eine gewöhnliche Magnetnadel, über welcher das Kartenblatt B befestigt ist, dessen Bezeichnung und Eintheilung Fig. 4. deutlicher zeigt. Aeußerlich sind an der Büchse A, Fig. 2., das Augen-Diopter C und das Objektiv-Diopter D befestigt, welche durch Gelenke sich nach der Richtung DC um- und niederlegen lassen. Das Augen-Diopter ist eine Camera lucida; nämlich in dem prismatischen Gehäuse E ist ein Glasprisma von der Form Fig. 3. eingeschlossen. Die schiefe Seitenfläche ab dieses Prisma's schneidet die vordere Fläche bc unter dem Winkel abc=45°; die untere Fläche ac ist kugelförmig erhaben (convex) geschliffen. Wird aus d in das Glasprisma gesehen, so zeigt sich, bei e, die bei f verkehrt und links darunter liegende Theilung, aufrecht rechts und durch die untere convexe Fläche des Prisma's vergrößert. Durch die im Gehäuse CE, Fig. 2., angebrachte Oeffnung gh siehet man gleichzeitig die unter dem Glasprisma befindliche

Thei-

Theilung und Gradzahl und den Objektiv-Diopterfaden, weil die Spalte gh mit der unteren Hälfte gi das Glasprisma bedeckt, und durch die obere Hälfte gh eine freie Durchsicht nach D hin möglich ist. Um völlig deutlich die Theilung zu sehen, muß man vermittelst des Knopfes K, Fig. 2., die convexe Fläche des Prisma's in den gehörigen Abstand von der Theilung bringen, der für jedes Auge gewöhnlich verschieden ist.

Bringt man mit der Hand das Augen-Diopter und das Objektiv-Diopter mit dem zu visirenden Richtpunkte in eine Vertikal-Ebene, so zeigt sich unter dem den Richtpunkt schneidenden Haare des Diopters die Gradzahl des magnetischen Abweichungswinkels.

Damit nun zu dieser Hand-Boussole kein besonderer Transporteur nöthig ist, sondern die Winkel, welche die Boussole angibt, gleich mit dem Visirlineale gemessen werden können, so habe ich den Kreis Fig. 4. in jedem Quadranten von 0°—90° eintheilen lassen. Die Nullpunkte der vier Quadranten liegen bei S (Südpunkt) und N (Nordpunkt), und die an den Gradzahlen gezeichneten Striche ^{I}; ^{II}; ^{III}; ^{IV}; zeigen, in welchem der vier Quadranten irgend ein abgelesener Abweichungswinkel eines anvisirten Richtpunktes gehört, und wie er aufgetragen werden muß.

Hätte man z. B. $45^{\circ I}$ gelesen, so trage man an die durch den Standpunkt P, Fig. 5., gezogene magnetische Nordlinie NS von N aus zählend im Quadranten mit dem Visirlineale 45° auf und ziehe PQ.

Für $20^{\circ II}$ wird aus S zählend im Quadranten II. 20° aufgetragen und PR gezogen.

Für $70^{\circ III}$ zählt man ebenfalls von S aus, trägt aber im Quadranten III. 70° ab, und zieht PT.

Endlich für $50^{\circ IV}$ werden im Quadranten IV. eben so viele Grade vom Punkte N aus zählend aufgetragen und PU gezogen.

Hieraus siehet man, daß man mit dem Visirlineale alle im ganzen Umkreise liegenden Boussolenwinkel auftragen kann, obgleich die Theilung des ersteren nur bis auf 120°

gehet, wenn man dem Kartenblatte der Hand-Boussole diese Einrichtung gegeben hat.

Um die Boussole nicht in der Hand zu halten, habe ich noch an der Büchse einen Ansatz F anbringen lassen, mit welchem sie bei dem Gebrauche in den Falz G, Fig. 1., geschoben werden kann.

Bei dem Gebrauche der Boussole muß so wohl das Visirlineal, als auch die Zwingen, wenn letztere von Gußeisen sind, beseitigt werden, damit sie das Spiel der Nadel nicht hindern.

Aeußerlich ist an der Boussolenbüchse ein Knopf I, der mit einer innerlich befindlichen Feder versehen ist, wodurch die zu starken Schwingungen des Kartenblattes gehemmt werden können, angebracht; ihm gegen über befindet sich eine Scheibe, durch deren Umdrehung die Nadel arretirt werden kann. Oben ist die Büchse mit einem Glase, welches ein Sprengring hält, so wie unten die convexe Fläche des Prisma's mit einem runden am Gehäuse um einen Punkt drehbaren Schieber, verschlossen.

b) Der Höhenmesser (Fig. 6.).

Dieses Werkzeug bestehet aus einer völlig dem vorigen gleichen Büchse. Augen-Diopter A und Objektiv-Diopter B haben völlig dieselbe Einrichtung, wie die bei der Hand-Boussole. Nur im Innern der Büchse befindet sich, statt der Magnetnadel und des Kartenblattes, ein dünner metallener Gradring, welcher durch ein Gewicht G in allen Lagen der Büchse mit seinem metallenen Durchmesser EF horizontal bleibt, da eine quer durch seine Mitte gehende befestigte Stahlachse oben bei C und senkrecht unter C auf dem Boden der Büchse in Zapfenlöchern beweglich ist. Anstatt, daß der Boden der Büchse bei der Boussole möglichst horizontal gehalten werden muß, muß der Boden der Büchse des Höhenmessers stets vertikal gehalten werden. Hält man die Büchse vertikal in freier Hand, so bleibt der eingetheilte Gradring durch das senkrecht zum Durchmesser EF angebrachte Gewicht G mit dem durch 0° der Theilung gehenden Durchmesser EF in einer horizontalen Linie. Bringt man das Prisma und das Haar im Diopter mit einem zu visirenden Richtpunkte in eine solche Lage, daß der Diopterfaden die Spitze oder den Fuß des zu visirenden Gegenstandes horizontal durchschneidet, so zeigt sich im Prismaspiegel neben dem Haare des Diopters zugleich ein in horizontaler Richtung befindlicher Theilstrich der Eintheilung, der die Größe des Höhen- oder Tiefen-Winkels angibt, welcher der Richtung aus dem Auge des Beobachters nach jenem visirten Richtpunkte entspricht.

Um beim Nichtgebrauche den dünnen beweglichen Kreis D vor der Verbiegung durch das Gewicht G zu schützen, ist bei H eine Schraube angebracht, die sich in das Gewicht G hinein schrauben, und dadurch den Kreis fest stellen läßt. Bewegt sich der Kreis zu stark, während einer Höhen- oder Tiefen-Messung, so hemmt man die Bewegung durch eine im Innern befindliche Feder, welche der bei der Hand-Boussole gleich ist, und sich äußerlich im Knopfe I endigt.

Die Theilung des Kreises zählt, von A aus, nach D hin 40° für Tiefenwinkel, und von A nach G hin 45° für die Höhenwinkel. Oben auf der Büchse wird durch einen Sprengring und vier Speichen, welche das Zapfenloch C halten, ein Glas fest gehalten, welches den Kreis D vor Staube und Regen schützt; das Obere der Büchse kann nach Niederlegung des Diopters und Niederklappung des Prisma's mit einem passenden Dekkel verschlossen werden.

Der Knopf k dient eben so wie bei der Hand-Boussole, die untere convexe Fläche des Glasprisma's so weit von der Theilung abzuschieben, bis solche völlig hell und deutlich erscheint.

Unter dem Gehäuse des Prisma's kann die runde Oeffnung, durch welche die Theilstriche von der convexen Fläche des Prisma's aufgefangen werden, durch einen runden, um einen Punkt sich drehenden, Schieber verschlossen werden.

Dritter Abschnitt.

System der Aufgaben des Aufnehmens überhaupt; hieraus entspringende Messungs-Methoden. Elementar-Aufgaben des militärischen Aufnehmens und deren Auflösung vom Pferde aus. Weitenmessung durch aliquote Theile; Abstecken von Parallelen und Kapitalen im Felde.

1. System der Aufgaben des Aufnehmens überhaupt.

Jeder Aufgabe der praktischen Meßkunde liegen gewisse gegebene Bestimmungsstücke zum Grunde, welche allein die Möglichkeit der Auflösung bedingen. Diese Bestimmungsstücke mögen nun unter so verschiedenen Bedingungen, als nur immer möglich ist, gegeben sein, so muß sich doch unter denselben wenigstens eine gemessene Länge, deren Maß entweder genau bekannt ist, oder deren verjüngte Länge (Bild der gemessenen Länge) linearisch gegeben ist, befinden. Dieses gründet sich auf die, in der theoretischen Meßkunde (Geometrie) allgemein bekannte, Grundwahrheit, daß unter den zur Zeichnung (Construction) einer jeden in einer Ebene geradlinig begrenzten Figur (Vieleck) gegebenen Bestimmungsstücken wenigstens eine Seite gegeben sein muß.

Ist daher zur Auflösung einer solchen Aufgabe keine solche Länge ihrer Ausdehnung nach als bekannt gegeben, und über dieß dem Aufnehmer die Auswahl und Messung der zur Auflösung nöthigen Bestimmungsstücke, unter Bedingungen, welche die Oertlichkeit modificirt, überlassen; so muß die unmittelbare Messung einer solchen Länge allen übrigen Operationen der Auflösung voran gehen.

Die unmittelbare Messung einer solchen Länge ist aber in höchst seltenen Fällen Geschäft des militärischen Aufnehmers, welcher gewöhnlich von höheren Behörden zu solchen Messungen befehligt wird, und von denselben, unter den zu seinen Arbeiten nöthigen Datis, eine solche Länge, entweder im Maße oder durch die Lage ihrer Endpunkte, das heißt also im Bilde, gegeben erhält; weßhalb die unmittelbare Messung derselben hier gänzlich mit Stillschweigen übergangen wird.

Weil jede solche gegebene Länge der Messung überhaupt zum Grunde liegt, so nennt man sie auch bisweilen die Grundlinie (Basis), allgemeiner aber in der Lehre des Aufnehmens, von dem Umstande, daß man meisten Theils genöthigt ist, sich mit den Meßwerkzeugen über ihren Endpunkten aufzustellen, die Standlinie (Stationslinie); ferner ihre Endpunkte, so wie auch überhaupt jeden Punkt auf dem Terrain, wo man Behufs der Messung sich mit dem Meßwerkzeuge aufstellt, Standort, und endlich die in ähnlicher Lage auf dem Papiere verzeichneten Bilder solcher Punkte Standpunkte.

Ueber unmittelbare Messung solcher Standlinien verweise ich auf mein Handbuch der Vermessungskunde, Seite 62. und 68. des I. Theils und Seite 384. des II. Theils.

Die örtliche Beschaffenheit der Standlinie allein begründet überhaupt das System der Aufgaben des Aufnehmens, da die noch zur Auflösung einer jeden Aufgabe außer der Standlinie zugehörigen Winkel nicht so von der Oertlichkeit abhangen, wie Erstere, und aus den einzelnen Auflösungsarten der Aufgaben leiten sich die verschiedenen Messungs-Methoden ab.

Betrachtet man eine gegebene Standlinie rücksichtlich der Beschaffenheit

1. ihrer Endpunkte,
2. ihrer Zwischenpunkte, und
3. ihrer möglichen Verlängerungen;

indem man untersucht, ob über denselben, oder ob in denselben, Behufs der Winkelmessung, Standorte des Meßwerkzeuges gewählt werden können: so ist einleuchtend, daß in einer jeden Standlinie, ihrer Beschaffenheit nach,

1. auf beiden Endpunkten,
2. auf einem Endpunkte, oder
3. auf einem zwischen den Endpunkten in der Linie liegenden Zwischenpunkte, oder
4. auf einem in den Verlängerungen der Linie liegenden Punkte, oder endlich
5. auf keinem in der Linie, oder deren Verlängerungen, denkbaren Punkte,

Standorte für das zum Winkelmessen nöthige Werkzeug gewählt, und dort Winkel zur Auflösung der gegebenen Aufgabe gemessen werden können. Aus dieser fünffachen Beschaffenheit einer Standlinie überhaupt leiten sich nun die fünf ersten Elementar-Aufgaben des Aufnehmens ab. Die Auflösung der ersten Aufgabe oder die Beschaffenheit der Standlinie unter Nummer 1. begründet die I. Methode des Vorwärts-Abschneidens der gesuchten Standpunkte; die unter Nummer 2., 3., 4., 5., die II. Methode der Allignements oder des Seitwärts-Abschneidens der gesuchten Standpunkte. Zwei zum Theil zusammengesetztere Elementar-Aufgaben entstehen aus der Benutzung mehrerer an einander hangenden Standlinien und zwar wenn zwei unmittelbar an einander hangen und

6. auf allen drei Endpunkten, oder

7. auf keinem der drei Endpunkte

zur Aufstellung eines Werkzeuges und zur Winkelmessung brauchbar sind, leitet sich aus der Auflösung der ersten, oder aus der Beschaffenheit der Standlinie unter Nummer 6. die III. Methode des Vorwärtsvisirens und Messens; oder die IV. des Umziehens, und endlich aus der unter Nummer 7. die V. Methode des Rückwärts-einschneidens oder Stationirens ab.

Alle nur denkbar möglichen Aufgaben des Aufnehmens lassen sich durch diese sieben Aufgaben oder überhaupt mittelst dieser fünf Messungs-Methoden lösen.

2. Elementar-Aufgaben des militärischen Aufnehmens und deren Auflösung vom Pferde aus.

α. Einfache Aufgaben.

Die Beweise der Richtigkeit der Auflösungen folgender Aufgaben lasse ich, der Raumersparniß halber, und wegen der Leichtigkeit derselben, weg.

Erste Aufgabe.

Gegeben nach verjüngtem Maße das Bild ab der auf dem Felde liegenden, auf beiden Endpunkten A und B zur Aufstellung des Werkzeuges zur Winkelmessung geeigneten Standlinie AB. Gesucht die Bestimmung der Bilder c, d, e der Terrainpunkte C, D, und E nach ihrer ähnlichen Lage gegen ab *).

---

*) Hier ist nur die Rede von der Bestimmung dreier Punkte c, d, und e, gegen a und b, es kön-

Erste Auflösung (Fig. 1. und 2. Taf. III.).

(Wenn die zu bestimmenden Punkte C, D, E, Fig. 1., auf einerlei Seite der Standlinie AB liegen.)

Erster Standort A.

1. Berichtige aus freier Hand, aus A Fig. 1. die Spiegelstellung des katadioptrischen Visirlineals für die Entfernung AC **).
2. Miß mit dem katadioptrischen Visirlineale, ohne es auf dem Meßtische zu befestigen, aus freier Hand in A Fig. 1. den Winkel u zwischen C und B.
3. Lege auf den Meßtisch Fig. 2. das katadioptrische Visirlineal ohne Verrückung

---

nen deren aber mehrere sein, ohne daß dadurch eine Aenderung im Gange des Verfahrens bei der Auflösung nöthig würde. Voraus gesetzt wird ein für alle Mahl, daß das Gegebene auf dem Papierüberzuge des Seite 7. beschriebenen Meßtisches ohne Stativ nach seiner Lage gegen die Nordlinie und nach verjüngtem Maßstabe verzeichnet ist.

*) Dieses wird genau so, wie Seite 33. und 44. gelehrt worden ist, durch die Schraube P Fig. 12. Taf. II., welche den kleinen Spiegel ein wenig dreht, bewerkstelligt.

des zwischen beiden Linealen enthaltenen Winkels u so nieder, daß der Mittelpunkt genau an a und die Kante des beweglichen Lineals eben so an ab liegt.

4. Schraube mit beiden Zwingen, in dieser Lage und ohne beide Lineale, oder den gemessenen Winkel u, zu verrücken, das feste Lineal auf dem Meßtische fest.

5. Ziehe an der Kante des festen Lineals die Linie ac mit Bleistifte.

6. Miß mit den auf dem Meßtische fest geschraubten Visirlineale zwischen C und E Fig. 1. den Winkel v *).

7. Ziehe an der Kante des beweglichen Lineals die Linie ae Fig. 2.

8. Miß eben so zwischen C und D Fig. 1. den Winkel w.

9. Ziehe an der Kante des beweglichen Lineals die Linie ad Fig. 2.

---

*) Das Visirlineal bleibt während der Winkelmessung stets auf dem Meßtische fest geschraubt; das Gegentheil, wenn, ohne es aufzuschrauben, Winkel aus freier Hand gemessen werden, wird stets ausdrücklich erinnert werden.

Zweiter Standort B.

1. Schraube das Visirlineal los, und berichtige aus freier Hand aus B die Spiegelstellung für die Entfernung BA Fig. 1.

2. Schraube das feste Lineal durch beide Zwingen mit dem Mittelpunkte an b Fig. 2. und mit der Kante an ba.

3. Miß aus B Fig. 1. zwischen A' und C den Winkel x.

4. Ziehe an der Kante des beweglichen Lineals die Linie bc Fig. 2.

5. Miß aus B Fig. 1. zwischen A und D den Winkel y.

6. Ziehe an der Kante des beweglichen Lineals die Linie bd Fig. 2.

7. Miß aus B Fig. 1. zwischen A und E den Winkel z.

8. Ziehe an der Kante des beweglichen Lineals die Linie be Fig. 2.

9. Verlängere die an den Kanten des Lineals gezogenen Linien nöthigen Falles, damit die Durchschnitte derselben die Punkte c, d, und e bestimmen.

Zweite Auflösung (Fig. 3. und 4.).

(Wenn die zu bestimmenden Punkte C, D, E Fig. 3. auf verschiedenen Seiten der Standlinie AB liegen.)

Erster Standort A.

1. Schraube das Visirlineal ab, und berichtige aus freier Hand aus A Fig. 3. die Spiegelstellung für die Entfernung AC.

2. Miß aus freier Hand aus A zwischen C und B den Winkel u mit dem Visirlineale.

3. Lege dasselbe, ohne den zwischen beiden Linealen enthaltenen Winkel u zu verrükken, auf dem Meßtische, mit dem Mittelpunkte an a, Fig. 4., und mit der Kante des beweglichen Lineals an ab.

4. Schraube es, ohne dasselbe zu verrücken, mit den Zwingen fest.

5. Ziehe an der Kante des festen Lineals die Linie ac Fig. 4.

6. Miß aus A Fig. 3. zwischen C und E den Winkel v.

7. Ziehe am beweglichen Lineale die Linie ae Fig. 4.

8. Miß

8. Miß aus A Fig. 3. zwischen C und D den Winkel w *).
9. Ziehe am beweglichen Lineale die Linie ad Fig. 4.

Zweiter Standort B.

1. Löse das Visirlineal ab und berichtige aus freier Hand, aus B, Fig. 3., die Spiegelstellung für die Entfernung BE.
2. Miß aus freier Hand aus B Fig. 3. zwischen E und A den Winkel x.
3. Lege das Werkzeug, ohne den zwischen den Linealen enthaltenen Winkel x zu verrükken, auf den Meßtisch mit dem Mittelpunkte an b Fig. 4. und mit der Kante des beweglichen Lineals an ba.
4. Schraube es in dieser Lage mit beiden Zwingen fest.

---

*) Ist Winkel w > 120°, so muß zuvor
1) die Stellung der Spiegel für die Entfernung AE Fig. 3. berichtigt,
2. das feste Lineal mit dem Mittelpunkte an a Fig. 4. und mit der Kante an ae geschraubt, und
3. zwischen E und D Fig. 3. aus A der Winkel EDA gemessen werden rc.

5. Ziehe an der Kante des festen Lineals die Linie be.
6. Miß aus B Fig. 3. zwischen E und D den Winkel y.
7. Ziehe am beweglichen Lineale die Linie bd Fig. 4.
8. Miß aus B Fig. 3. zwischen E und C den Winkel z *).
9. Ziehe am beweglichen Lineale die Linie bc Fig. 4.
10. Verlängere nöthigen Falles die gezogenen Visirlinien, bis ihre Durchschnitte die Punkte c, d, und e bestimmen.

Zweite Aufgabe.

Gegeben, nach verjüngtem Maße, das Bild ab einer nur auf einem Endpunkte A zugänglichen Standlinie. Gesucht die Bestimmung der Bilder c und d der Terrainpunkte C und D nach ihrer ähnlichen Lage gegen ab **).

---

*) Ist der Winkel z > 120°, so verfahre man auf ähnliche Art, wie in der letzten Anmerkung gelehrt worden ist.

**) Auch hier ist der Kürze wegen nur die Bestimmung zweier Punkte gelehrt; es gilt aber eben-

1. Auflösung. (Fig. 5 und 6.)

(Wenn die Punkte C und D Fig. 5. links der Linie AB liegen.)

Erster Standort A.

1. Berichtige aus freier Hand, aus A Fig. 5., die Stellung der Spiegel für die Entfernung AC.
2. Miß aus A Fig. 5. zwischen C und B aus freier Hand den Winkel x.
3. Lege auf dem Meßtische den Mittelpunkt des Werkzeuges an *a* Fig. 6. und die Kante des beweglichen Lineals an ab; ohne die dem Winkel x enthaltende Stellung beider Lineale zu verrücken.
4. Schraube das Visirlineal in dieser Lage mit beiden Zwingen fest.
5. Ziehe an der Kante des festen Lineals die Linie ac Fig. 6.
6. Miß aus A Fig. 5. zwischen C und D den Winkel y.
7. Ziehe an der Kante des beweglichen Lineals die Linie ad Fig. 6.

---

falls das, was in der Anmerkung zur ersten Aufgabe gesagt ist.

Zweiter Standort D *)

1. Löse das Visirlineal vom Meßtische.

2. Ziehe bf Fig. 6. parallel mit ad.

3. Berichtige aus D Fig. 5. die Spiegelstellung für die Entfernung DB.

4. Miß aus D und aus freier Hand den Winkel z Fig. 5. zwischen A und B.

5. Lege denselben an den Punkt B Fig. 5. und über bf an, und ziehe bd.

6. Lege den Mittelpunkt des Werkzeuges an den Durchschnittspunkt d der Linien ad und bd und die Kante des festen Lineals an db an.

7. Schraube dasselbe in dieser Lage durch die Zwingen fest.

---

*) Sollte keiner der Punkte C und D zur Aufstellung und Winkelmessung geeignet sein, so muß man bereits im ersten Standorte einen zum zweiten Standorte brauchbaren Terrainpunkt ausgesucht, ferner (8.) den Winkel zwischen A und den gewählten Punkt gemessen, und endlich an der Kante des beweglichen Lineals aus a die Visirlinie nach diesem Punkte gezogen haben.

8. Miß aus D Fig. 5. zwischen den Punkten B und C den Winkel u.
9. Ziehe an der Kante des beweglichen Lineals die Linie dc Fig. 6.
10. Verlängere die aufgetragenen Linien nöthigen Falles, bis sie sich in den Punkten c und d Fig. 6. schneiden.

2. Auflösung. (Fig. 7 und 8.)

(Wenn die Punkte C und D Fig. 7. rechts der Linie AB liegen.)

Erster Standort A.

1. Berichtige aus A Fig. 7. die Stellung der Spiegel für die Entfernung AB aus freier Hand.
2. Schraube das Werkzeug, durch beide Zwingen, mit dem Mittelpunkte an a Fig. 8. und mit der Kante des festen Lineals an ab.
3. Miß aus A Fig. 7. zwischen den Punkten B und D den Winkel x.
4. Ziehe an der Kante des beweglichen Lineals die Linie ad Fig. 8.
5. Miß aus A Fig. 7. zwischen B und C den Winkel y.

6. Ziehe an der Kante des beweglichen Lineals die Linie ac Fig. 8.

Zweiter Standort D *).

1. Löse das Werkzeug vom Meßtische.
2. Ziehe aus b Fig. 8. bf parallel mit ad.
3. Berichtige aus D Fig. 7. und aus freier Hand die Stellung der Spiegel für die Entfernung DB.
4. Schraube das Werkzeug, durch beide Zwingen, mit dem Mittelpunkte an b Fig. 8. und mit der Kante des festen Lineals an bf.
5. Miß aus D Fig. 7. zwischen den Punkten A und B den Winkel z.
6. Ziehe an der Kante des beweglichen Lineals die Linie bd Fig. 8.
7. Löse das Werkzeug vom Meßtische.
8. Miß aus D und aus freier Hand zwischen B und C Fig. 7. den Winkel w.
9. Lege denselben an d Fig. 8. und über bd an, und ziehe die Linie dc.

---

*) Siehe die Anmerkung beim zweiten Standorte der 1. Auflösung unter S. 68.

10. Verlängere nöthigen Falles die gezogenen Visirlinien, bis sie sich in den Punkten c und d schneiden.

Dritte Aufgabe.

Gegeben nach verjüngtem Maße das Bild ab der Standlinie AB, in deren Verlängerung nur ein einziger Standort C zur Aufstellung und Winkelmessung geeignet ist. Gesucht die Bilder c, d, und e der Terrainpunkte C, D, und E in verhältnißmäßiger Lage gegen ab.

1. Auflösung. (Fig. 9 und 10.)

(Wenn die Punkte D und E Fig. 9. links der Standlinie AB liegen.)

Erster Standort B.

1. Aus C Fig. 9. berichtige die Stellung der Spiegel für die Entfernung CA.
2. Verlängere ab Fig. 10. von a nach f.
3. Schraube das Werkzeug, durch die Zwingen, mit dem Mittelpunkte an a Fig. 10. und mit der Kante des festen Lineals an af.

4. Miß aus C Fig. 9. zwischen den Punkten A und E den Winkel x.
5. Ziehe an der Kante des beweglichen Lineals die Linie ag Fig. 10.
6. Miß aus C Fig. 9. zwischen den Punkten A und D den Winkel y.
7. Ziehe an der Kante des beweglichen Lineals die Linie ah Fig. 10.

Zweiter Standort D *).

1. Löse das Werkzeug vom Meßtische.
2. Berichtige aus D Fig. 9. die Stellung der Spiegel für die Entfernung DC.
3. Schraube das Werkzeug, durch die Zwingen, mit dem Mittelpunkte an a Fig. 10. und mit der Kante des festen Lineals an die Linie ah.
4. Miß aus D Fig. 9. zwischen C und B den Winkel z.
5. Ziehe an der Kante des beweglichen Lineals die Linie ai Fig. 10

---

*) Wegen des Standortes D erinnere man sich an das, was in der Anmerkung zum zweiten Standorte der 1. Auflösung der zweiten Aufgabe S. 68. gesagt ist, wenn er sich nicht zur Aufstellung und Winkelmessung eignet.

6. Miß aus D Fig. 9. zwischen C und A den Winkel v.
7. Ziehe an der Kante des beweglichen Lineals die Linie ak Fig. 10.
8. Miß aus D Fig. 9. zwischen den Punkten C und E den Winkel w.
9. Ziehe an der Kante des beweglichen Lineals die Linie al Fig. 10.
10. Löse das Werkzeug vom Meßtische ab.
11. Verlängere ab Fig. 10. nach c zu.
12. Verlängere ak Fig. 10. nach d zu.
13. Ziehe aus b parallel mit ai die Linie bd; so ist der Durchschnittspunkt d der Linien ad und bd das verhältnißmäßig liegende Bild vom Punkte D Fig. 9.
14. Ziehe aus d Fig. 10. parallel mit ah die Linie dc, welche auf der Verlängerung von ab das Bild c des Punktes C Fig. 9. verhältnißmäßig bestimmt.
15. Ziehe aus c Fig. 10. parallel mit ag die Linie ce.
16. Ziehe aus d parallel mit al die Linie de; so bestimmt der Durchschnittspunkt e der Linien ce und de das Bild des Punktes E Fig. 9.

2. Auflösung. (Fig. 11. und 12.)

(Wenn die Punkte D und E rechts der Standlinie AB liegen.)

Erster Standort C.

1. Berichtige aus freier Hand, vom Punkte C Fig. 11. aus, die Stellung der Spiegel für die Entfernung CA.
2. Miß aus C und aus freier Hand den Winkel y zwischen A und D.
3. Verlängere ac Fig. 12. nach f zu.
4. Schraube das Werkzeug mit dem zwischen den Linealen enthaltenen Winkel y so auf den Meßtisch mit den Zwingen fest, daß der Mittelpunkt desselben an a und die Kante des beweglichen Lineals an af liegen.
5. Ziehe an der Kante des festen Lineals die Linie ah.
6. Miß aus C Fig. 11. zwischen A und E den Winkel x.
7. Ziehe an der Kante des beweglichen Lineals die Linie ag Fig. 12.

Zweiter Standort D.

1. Löse das Werkzeug vom Meßtische ab.

2. Berichtige aus D Fig. 11. die Stellung der Spiegel für die Entfernung DE.
3. Miß aus D Fig. 11. zwischen den Punkten C und E den Winkel w.
4. Schraube das Werkzeug mit dem zwischen den Linealen enthaltenen Winkel w so auf dem Meßtische mit den Zwingen fest, daß der Mittelpunkt desselben an a Fig. 12. und die Kante des beweglichen Lineals an ah liegen.
5. Ziehe an der Kante des festen Lineals die Linie al.
6. Miß aus D Fig. 11. zwischen E und B den Winkel v.
7. Ziehe an der Kante des beweglichen Lineals die Linie ai Fig. 12.
8. Miß aus D Fig. 11. zwischen E und A den Winkel z.
9. Ziehe an der Kante des beweglichen Lineals die Linie ak Fig. 12.
10. Löse das Werkzeug vom Meßtische ab.
11. Verlängere ab Fig. 12. nach c zu.
12. Verlängere ak nach d zu.

Verfahre ferner genau nach Nummer 13., 14., 15., und 16. der vorigen Auflösung, so sind c, Fig. 12., das Bild des Punktes C Fig. 11., und d und e Fig. 12., die Bilder der Punkte D und E Fig. 11., in verhältnißmäßiger Lage.

Vierte Aufgabe.

Gegeben, nach verjüngtem Maße, das Bild ab einer nur auf einem in der Linie liegenden Punkte C zur Aufstellung und Winkelmessung geeigneten Standlinie AB. Gesucht die Bestimmung der Bilder c, d, und e der Terrainpunkte C, D, und E nach ihrer ähnlichen Lage gegen ab.

1. Auflösung. (Fig. 13. und 14.)

(Wenn die Punkte D und E Fig. 13. links der Standlinie AB liegen.)

Erster Standort C.

1. Berichtige aus C Fig. 13. und aus freier Hand die Stellung der Spiegel für die Entfernung CA.
2. Verlängere ab Fig. 14. aus a nach f.
3. Lege das Werkzeug mit dem Mittelpunkte an a Fig. 14. und mit der Kante des festen Lineals an die Verlängerung af, und befestige es mit den Zwingen.

4. Miß aus C Fig. 13. zwischen A und D den Winkel x.
5. Ziehe an der Kante des beweglichen Lineals die Linie ag Fig. 14.
6. Miß aus C Fig. 13. zwischen A und E den Winkel y.
7. Ziehe an der Kante des beweglichen Lineals die Linie ah Fig. 14.

Zweiter Standort D.

1. Löse das Werkzeug vom Meßtische ab.
2. Berichtige aus D Fig. 13. die Stellung der Spiegel für die Entfernung DA.
3. Miß aus D Fig. 13., und aus freier Hand, zwischen A und C den Winkel z.
4. Lege denselben aus a Fig. 14. an ag an.
5. Ziehe an der Kante des beweglichen Lineals die Linie ai.
6. Ziehe aus b parallel mit ag die Linie bk.
7. Berichtige aus D Fig. 13., und aus freier Hand, die Stellung der Spiegel für die Entfernung DB.
8. Miß aus D, und aus freier Hand, zwischen C und B den Winkel w.
9. Lege denselben aus b Fig. 14. an bk an.

10. Ziehe an der Kante des festen Lineals die Linie bl.

11. Verlängere ai und bl, bis sie sich in einem Punkte d schneiden, welcher das Bild des Punktes D Fig. 13. ist.

12. Ziehe aus d Fig. 14. parallel mit ag die Linie dc; so ist dadurch c als das Bild des Punktes C Fig. 13. bestimmt.

13. Ziehe aus c Fig. 14. parallel mit ah die Linie ce.

14. Berichtige aus D Fig. 13., und aus freier Hand, die Stellung der Spiegel für die Entfernung DE.

15. Miß aus D Fig. 13., und aus freier Hand, zwischen den Punkten C und E den Winkel u.

16. Lege denselben aus d Fig. 14. und an dc an.

17. Ziehe an der Kante des festen Lineals die Linie de, so bestimmt der Durchschnittspunkt e der Linien ce und de das Bild des Punktes E Fig. 13.

2. Auflösung. (Fig. 15. und 16.)

(Wenn die Punkte D und E Fig. 15. rechts der Standlinie AB liegen.)

Erster Standort C.

1. Berichtige aus C Fig. 15., und aus freier Hand, die Stellung der Spiegel für die Entfernung CB.
2. Verlängere ab Fig. 14. aus b nach f.
3. Lege das Werkzeug mit dem Mittelpunkte an b Fig. 14. und mit der Kante des festen Lineals an die Verlängerung bf, und befestige es mit den Zwingen.
4. Miß aus C Fig. 15. zwischen B und D den Winkel x.
5. Ziehe an der Kante des beweglichen Lineals die Linie bg Fig. 16.
6. Miß aus C Fig. 15. zwischen B und E den Winkel y.
7. Ziehe an der Kante des beweglichen Lineals die Linie bh Fig. 16.

Zweiter Standort D.

1. Löse das Werkzeug vom Meßtische ab.
2. Berichtige aus D Fig. 15. die Stellung der Spiegel für die Entfernung DC.

3. Miß aus D Fig. 15., und aus freier Hand, zwischen C und B den Winkel z.
4. Lege denselben aus b Fig. 16. an bg an.
5. Ziehe an der Kante des beweglichen Lineals die Linie bi.
6. Ziehe aus a parallel mit bg die Linie ak.
7. Berichtige aus D Fig. 15., und aus freier Hand, die Stellung der Spiegel für die Entfernung DA.
8. Miß aus D, und aus freier Hand, zwischen A und C den Winkel w.
9. Lege denselben aus a Fig. 16. an ak an.
10. Ziehe an der Kante des festen Lineals die Linie al.
11. Verlängere al und bi, bis sie sich in einem Punkte d schneiden, welcher das Bild des Punktes D Fig. 15. ist.
12. Ziehe aus d Fig. 16. parallel mit bg die Linie dc; so ist dadurch c als das Bild des Punktes C Fig. 15. bestimmt.
13. Ziehe aus c Fig. 16. parallel mit bh die Linie ce.
14. Berichtige aus D Fig. 15. die Stellung der Spiegel für die Entfernung DE.

15. Miß

15. Miß aus D Fig. 15., und aus freier Hand, zwischen den Punkten C und E den Winkeln.

16. Lege denselben aus d Fig. 19. und an dc an.

17. Ziehe an der Kante des festen Lineals die Linie de; so bestimmt der Durchschnittspunkt e der Linien ce und de das Bild des Punktes E Fig. 15.

Fünfte Aufgabe.

Gegeben nach verjüngtem Maßstabe das Bild ab einer Standlinie AB, die sich weder in der Linie noch in ihrer Verlängerung zur Aufstellung und Winkelmessung eignet. Gesucht die verhältnißmäßige Bestimmung der Bilder c und d der Terrainpunkte C und D.

1. Auflösung. (Fig. 17. und 18.)

(Wenn die Punkte C und D Fig. 17. links der Linie AB liegen.)

Erster Standort C.

1. Ziehe auf dem Meßtische durch den Punkt a Fig. 18. die bekannte magnetische Nordlinie NS.

2. Miß aus C Fig. 17. die magnetische Abweichung = α^0 der Linie CA mit der Hand-Boussole Fig. 2. Taf. I.
3. Lege dieselbe mit dem Werkzeuge (nach Seite 50.) aus a Fig. 18. Taf. III. an aN an.
4. Ziehe die Linie ae Fig. 18.
5. Berichtige aus C Fig. 17., und aus freier Hand, die Stellung der Spiegel für die Entfernung CD.
6. Miß aus C Fig. 17., und aus freier Hand, zwischen D und A den Winkel x.
7. Lege das Werkzeug mit dem Mittelpunkte an einen beliebigen Punkt f Fig. 18. in der Linie ae und mit der Kante des beweglichen Lineals an diese Linie und befestige dasselbe durch beide Zwingen.
8. Ziehe an der Kante des festen Lineals die Linie fg Fig. 18.
9. Miß aus C Fig. 17. zwischen D und B den Winkel y.
10. Ziehe an der Kante des beweglichen Lineals die Linie fh Fig. 18.
11. Ziehe aus b Fig. 18. bγ parallel mit fh.
12. Ziehe aus γ Fig. 18. γi parallel mit fg.

Zweiter Standort D.

1. Löse das Werkzeug vom Meßtische ab.
2. Berichtige die Stellung der Spiegel von D Fig. 17. aus, und aus freier Hand, für die Entfernung DB.
3. Miß aus D Fig. 17., und aus freier Hand, zwischen B und C den Winkel w.
4. Lege das Werkzeug mit dem Mittelpunkte an einen beliebigen Punkt k Fig. 18. in der Linie γi und mit der Kante des *beweglichen Lineals* an diese Linie, und befestige dasselbe durch beide Zwingen.
5. Ziehe an der Kante des *festen Lineals* die Linie kl Fig. 18.
6. Miß aus D Fig. 17. zwischen B und A den Winkel v.
7. Ziehe an der Kante des *beweglichen Lineals* die Linie km Fig. 18.
8. Ziehe aus a Fig. 18. aδ parallel mit km.
9. Ziehe aus δ Fig. 18. δn parallel mit kl; so muß die Linie δn entweder I. durch den Punkt b, oder II. durch die Linie γb, oder III. durch deren Verlängerung bβ gehen. Im *erstern* Falle sind die Punkte γ und δ die den Punkten C und

D Fig. 17. entsprechenden Bilder, im zweiten und dritten Falle fährt man auf folgende Weise fort.

10. Verbinde den Durchschnittspunkt n Fig. 18. der Linien $\gamma\beta$ und δn durch eine gerade Linie an mit a.

11. Liegt der von den Linien ab Fig. 18. und an gebildete Winkel z links *) der Linie ab; so lege denselben aus a und b rechts an die Linien $a\gamma$, $a\delta$ und $b\gamma$.

12. Ziehe ao Fig. 18., ap und bq.

13. Ziehe aus b Fig. 18. br parallel $n\delta$.

14. Lege aus b Fig. 18. rechts an br den Winkel z.

15. Ziehe bs Fig. 18., so sind die Durchschnittspunkte c und d Fig. 18. der Linien ao und bq, ferner ap und bs die verlangten verhältnißmäßigen Bilder der Punkte C und D Fig. 17.

---

*) Trifft δn Fig. 18. die Verlängerung $b\beta$ von γb in einem Punkte n′, so wird sich, durch die Verbindung dieses Punktes mit a, der Winkel z, anstatt links, rechts von ab bilden; in diesem dritten Falle trägt man diesen Winkel nicht rechts, wie in Nummer 11. und 14., sondern links an die Linien $a\gamma$, $a\delta$, $b\gamma$ und br auf.

2. **Auflösung.** (Fig. 19. und 20.)

(Wenn C und D Fig. 19. **rechts** der Linie AB liegen.)

Erster Standort C.

1. Ziehe auf dem Meßtische durch den Punkt a Fig. 20. die bekannte magnetische Nordlinie NS.
2. Miß aus C Fig. 19. mit der Hand-Boussole die magnetische Abweichung $= \alpha^0$ der Linie CA.
3. Lege dieselbe aus a Fig. 20. an aN mit dem Werkzeuge (nach Seite 50.) an.
4. Ziehe die Linie ae Fig. 20.
5. Berichtige aus C Fig. 19., und aus freier Hand, die Stellung der Spiegel für die Entfernung CA.
6. Lege das Werkzeug mit dem Mittelpunkte an einen in der Linie ae Fig. 20. willkürlich angenommenen Punkt f und mit der Kante des **festen Lineals** an die Linie fa und befestige es durch beide Zwingen.
7. Miß aus C Fig. 19. zwischen A und B den Winkel x.

8. Ziehe an der Kante des beweglichen Lineals die Linie fg Fig. 20.
9. Miß aus C Fig. 19. zwischen A und D den Winkel ẏ.
10. Ziehe an der Kante des beweglichen Lineals die Linie fh Fig. 20.
11. Ziehe aus b Fig. 20. bγ parallel mit fg.
12. Ziehe aus γ Fig. 20. γi parallel mit fh.

Zweiter Standort D.

1. Löse das Werkzeug vom Meßtische.
2. Berichtige aus D Fig. 19., und aus freier Hand, die Stellung der Spiegel für die Entfernung DC.
3. Lege das Werkzeug mit dem Mittelpunkte an einen in der Linie γi Fig. 20. willkürlich gewählten Punkt k und mit der Kante des festen Lineals an die Linie kγ.
4. Miß aus D Fig. 19. zwischen C und A den Winkel v.
5. Ziehe an der Kante des beweglichen Lineals die Linie kl Fig. 20.
6. Miß aus D Fig. 19. zwischen C und B den Winkel w.
7. Ziehe an der Kante des beweglichen Lineals die Linie km Fig. 20.

8. Ziehe aus a Fig. 20. aδ parallel kl.
9. Ziehe aus δ Fig. 20. δn parallel mit km, so muß die Linie δn, wie in der vorigen Auflösung im zweiten Standorte unter Nummer 9. S. 83. bemerkt ist, entweder I. durch b, oder II. durch γb, oder III. durch bβ schneiden. Im ersten Falle sind γ und δ die den Punkten C und D Fig. 19. entsprechenden Bilder, im zweiten und dritten Falle wird auf folgende Weise fortgefahren.
10. Verbinde den Durchschnittspunkt n Fig. 20. der Linien γβ und δn durch eine gerade Linie mit an.
11. Liegt der von den Linien ab Fig. 20. und an gebildete Winkel z rechts *) der Linie ab, so lege denselben für diesen Fall auch aus a und b rechts an die Linien aγ, aδ und bγ. Im Gegentheile geschiehet das Entgegengesetzte.
12. Ziehe ao Fig. 20., ap und bq.

*) Anmerkung unter Seite 84. mit nöthiger Beachtung der verschiedenartigen Lage der Figuren 17. und 19.

13. Ziehe aus b Fig. 20. br parallel nd.
14. Lege aus b Fig. 20. rechts an br den Winkel z an.
15. Ziehe bs Fig. 20., so sind die Durchschnittspunkte c und d Fig. 20. der Linien ao und bq, ferner ap und bs, die verlangten verhältnißmäßigen Bilder der Punkte C und D Fig. 19. *)

β. Mehr zusammen gesetzte Aufgaben.

Sechste Aufgabe A.
(Vorwärts-Visiren und Messen.)

Gegeben das Bild a Fig. 22. eines Standorts A Fig. 21. und das Bild e eines andern Terrainpunktes E. Gesucht die Bestimmung der Bilder ab, ac, und ad der zugänglichen Linien AB, AC, und AD.

---

*) Man siehet leicht ein, daß die aus den gemessenen Winkeln verzeichnete Figur aγδn Fig. 20. (oder Fig. 18.) ∽ der Figur ACDB Fig. 19. (oder Fig. 17.) und nur in der Orientirung der Linien aγ, γδ, δn und na bei der Verzeichnung um den Winkel ban = z gefehlt worden ist; woraus sich dann leicht der Beweis für die Richtigkeit der Construction ergibt.

Auflösung.

1. Verbinde a und e Fig. 22. auf dem Meßtische durch eine gerade Linie ae.
2. Berichtige aus A Fig. 21., und aus freier Hand, die Stellung der Spiegel für die Entfernung AE.
3. Lege das Werkzeug mit dem Mittelpunkte an den Punkt a Fig. 22. und mit der Kante des festen Lineals an die Linie ae und befestige es durch beide Zwingen.
4. Miß aus A Fig. 21. zwischen E und B den Winkel x.
5. Ziehe an der Kante des beweglichen Lineals die Linie ab Fig. 22.
6. Miß aus A Fig. 21. zwischen E und C den Winkel y.
7. Ziehe an der Kante des beweglichen Lineals die Linie ac Fig. 22.
8. Miß aus A Fig. 21. zwischen E und D den Winkel z.
9. Ziehe an der Kante des beweglichen Lineals die Linie ad Fig. 22.
10. Miß die Länge von AB Fig. 21. durch Schritte (Pferdeschritte) oder mit der Meßkette.

11. Mache ab Fig. 22. nach verjüngtem Maße von a aus eben so lang.
12. Miß die Länge von AC Fig. 21.
13. Mache ac Fig. 22. verjüngt so lang.
14. Miß die Länge von AD Fig. 21.
15. Mache ad Fig. 22. verjüngt so lang.

Sechste Aufgabe B.
(Umziehen.)

Gegeben das Bild a Fig. 24. eines Standorts A Fig. 23. und das Bild e eines andern Terrainpunktes E. Gesucht die Bilder ab, bc, und cd der Linien AB, BC und CD.

Auflösung. (Fig. 23. und 24.)

Erster Standort A.

1. Verbinde a und e Fig. 24. auf dem Meßtische durch eine gerade Linie ae.
2. Berichtige aus A Fig. 23. und aus freier Hand die Spiegelstellung für die Entfernung AE.
3. Miß aus freier Hand aus A zwischen E und B den Winkel x.
4. Lege denselben aus a Fig. 24. an ae an.
5. Ziehe am beweglichen Lineale die Linie af Fig. 24.
6. Miß die Länge von AB Fig. 23.

Zweiter Standort. B.

1. Mache ab Fig. 24. verjüngt so lang wie AB Fig. 23.
2. Suche einen Punkt F Fig. 23. in der Verlängerung von BC auf *).
3. Berichtige aus B Fig. 23., und aus freier Hand, die Spiegelstellung für die Entfernung BF (welches hier ganz besonders wichtig ist, und durchaus nicht vernachlässigt werden darf).
4. Miß aus B Fig. 23. zwischen A und F den Winkel y aus freier Hand.
5. Lege an b Fig. 24. und an bf den Winkel y an.
6. Ziehe an der Kante des festen Lineals die Linie bg Fig. 24.
7. Miß die Länge von BC Fig. 23.

---

*) Dieses Aufsuchen des Punktes F muß alle Mahl geschehen, wenn der Winkel v oder w > 120° ist; sonst mißt man gleich die Winkel v oder w, und trägt sie in ähnlicher Lage auf. Es kann der Punkt F ganz nahe an B, z. B. nur einige Fuß entfernt, angenommen werden, welches bisweilen, wenn z. B. AB, BC, und CD Wege im Innern eines Waldes sind, die Nothwendigkeit erheischt.

Dritter Standort C.

1. Mache bc Fig. 24. verjüngt so lang wie BC Fig. 23.
2. Suche einen Punkt G Fig. 23. in der Verlängerung von CB auf.
3. Berichtige aus C Fig. 23., und aus freier Hand, die Spiegelstellung für die Entfernung CG *).
4. Miß aus C Fig. 23., und aus freier Hand, zwischen G und D den Winkel z.
5. Lege an c. Fig. 24. und an cg den Winkel z an.
6. Ziehe an der Kante des beweglichen Lineals die Linie cd Fig. 24. u. s. w.

So können die Bilder von noch mehreren an einander hängenden Standlinien oder auch die Umfangslinien unregelmäßiger Polygone bestimmt werden; bei letzteren gibt das Zusammenfallen des Endpunkts der Messung mit dem Anfangspunkte derselben,

---

*) Die Punkte f und g werden stets so gewählt, daß sie den linken Schenkel der zu messenden Winkel y und z bilden; damit man sie direkt, durch das Glas des kleinen Spiegels, siehet und also leichter erkennen kann.

oder das so genannte **Schließen der Figur**, eine genaue Controlle der Genauigkeit der Messung.

Siebente Aufgabe.

(Rückwärts-Einschneiden.)

Gegeben die Bilder a, b, c Fig. 27. dreier unzugänglichen Terrainpunkte A, B, C Fig. 26. **Gesucht** das Bild d eines vierten, aber mit a, b, und c weder in gerader Linie noch in einem Kreise liegenden, Terrainpunktes D *).

Auflösungen.

α. Annähernde Auflösungsmethode nach Lehmann.

1. Vorerinnerungen. (Fig. 25.)

1. Der gesuchte Punkt D kann gegen das durch die drei Punkte, A, B und C, gebildete Dreieck ABC und den durch dasselbe gehenden Kreis nur folgende **fünf** verschiedene Lagen haben.

---

*) In gerader Linie oder in einerlei Kreise mit A, B, und C ist das Bild des Punktes D unbestimmbar. Warum, findet man im ersten Theile meiner Vermessungskunde, Seite 386 f. f., angegeben. Auch lese man die eben da S. 419 f. f. gegebenen praktischen Regeln nach.

a. Innerhalb des Kreises und Dreiecks, wie in I. Fig. 25.

b. Außerhalb des Dreiecks und innerhalb des Kreises, oder in den Kreisabschnitten, wie in II.

c. In den Scheitelwinkeln des Dreiecks, wie in III.

d. Außerhalb des Dreiecks und Kreises einer Seite gegen über (nicht in den Scheitelwinkeln des Ersteren), wie in IV.

e. Im Kreisumfange, wo die Auflösung der Aufgabe unbestimmt ist, wie in V.

2. Der gesuchte Punkt D kann gegen drei in gerader Linie liegende Punkte, A, B und C, nur folgende zwei verschiedene Lagen haben.

a. Zur Seite der geraden Linie.

b. In der geraden Linie, wo die Auflösung der Aufgabe unmöglich ist.

Diese verschiedenen Lagen des Punktes D Fig. 26. muß man sich genau merken, weil man sich nach ihnen die Bestimmung des Bildes von d Fig. 27. modifizirt. Da auf dem Terrain die Erkennung der verschiedenen Lagen für den Anfänger etwas erschwerend ist, so wird, um dadurch entstehende Irrthümer zu vermeiden, ein leichtes Mittel zur Erkennung dieser Lagen weiter hinten angegeben werden.

2. Praktisches Verfahren bei der Auflösung.

Erster Fall I.

Standort D Fig. 26. innerhalb des Dreiecks ABC und des durch dasselbe gedachten Kreises.

Auflösung. (Fig. 26. und 27.)

1. Ziehe auf dem Meßtische, durch einen Punkt, z. B. b, Fig. 27., die magnetische Nordlinie NS.
2. Miß aus D Fig. 26. mit der Hand-Boussole die magnetische Abweichung der Linie DB $= \alpha^0$.
3. Trage solche mit dem katadioptrischen Visirlineale an bS Fig. 27. und ziehe bk.
4. Stecke in der Verlängerung von BD Fig. 26. den Punkt E genau aus *).

*) Weil in diesem Falle die Winkel ADB, ADC, und BDC einzeln genommen gewöhnlich größer als 120° sind, so muß man sich durch Abstecken der Verlängerung DE von BD zwei kleinere Winkel ADE und CDE bilden, welche einzeln die Winkel ADB und BDC zu 180° ergänzen, und diese anstatt jener nur in diesem speziellen Falle zur Lösung der Aufgabe anwenden.

5. Berichtige aus D Fig. 26. und aus freier Hand die Stellung der Spiegel für die Entfernung DA.
6. Miß aus freier Hand aus D Fig. 26. zwischen A und E den Winkel x.
7. An einen in der Linie bf Fig. 27. willkürlich angenommenen Punkt 𝔡 lege den Mittelpunkt des Werkzeuges und an die Linie 𝔡f die Kante des beweglichen Lineals.
8. Ziehe an der Kante des festen Lineals die Linie 𝔡g Fig. 27.
9. Berichtige aus D Fig. 26., und aus freier Hand, die Stellung der Spiegel für die Entfernung DE.
10. Miß aus D Fig. 26., und aus freier Hand, zwischen E und C den Winkel y.
11. Lege den Mittelpunkt des Werkzeuges an 𝔡 Fig. 27. und die Kante des festen Lineals an die Linie 𝔡f.
12. Ziehe an der Kante des beweglichen Lineals die Linie 𝔡h Fig. 27.
13. Ziehe durch a Fig. 27. ak parallel g𝔡.
14. Ziehe durch c Fig. 27. ci parallel h𝔡. So wird sich entweder der Punkt d durch den gemeinschaftlichen Durchschnitt

dreier

dreier Linien, ad, bd und cd, oder ein Dreieck ikl bestimmen; ist das Letztere der Fall, so rührt dieß davon her, daß die Lage der Linie bf nicht völlig genau, sondern um einen kleinen Winkel fehlerhaft, bestimmt worden ist. Daher nennt man jedes solches Dreieck wie ikl ein Fehler zeigendes. Dieses fehlerzeigende Dreieck ikl liegt immer so gegen die Punkte a, b, und c und den durch dieselben gedachten Kreis, auf dem Meßtische, wie der Standort D auf dem Felde gegen die Punkte A, B und C. Hierdurch hat man daher ein untrügliches Kennzeichen zur Beurtheilung des Statt findenden Falles, so wohl in diesem als in den folgenden drei Fällen, welches hier ein für alle Mahl erinnert wird.

Das fehlerzeigende Dreieck fortzuschaffen, benutzt man folgenden Satz und folgende aus der Erfahrung abstrahirte Regel.

Satz (1). Die senkrechten Abstände des zu suchenden Punktes d (oder dm, dn und do) von den Seiten des fehlerzeigenden Dreiecks ikl verhalten sich unter einander wie die Entfernungen des Punktes d von den Dreieckspunkten a, b, und c (oder da, db, und dc).

Regel (2). Im ersten Falle, wo das fehlerzeigende Dreieck ikl Fig. 27. im Dreiecke abc sich bildet, liegt der zu bestimmende Punkt d innerhalb des fehlerzeigenden Dreiecks ikl.

15. Nimm innerhalb des fehlerzeigenden Dreiecks ikl, Fig. 27., nach voriger Regel willkürlich einen Punkt, z. B. d, an, untersuche, durch Schätzung nach dem Augenmaße, wie sich da : db : dc verhalten; hier z. B. wie 5 : 4 : 4½ *).

---

*) In den Figuren der Tafel finden diese Verhältnisse so wohl in diesem als den folgenden Fällen nie genau Statt, welches davon herrührt, daß denselben, der nöthigen Deutlichkeit wegen, kein verhältnißmäßiger Verjüngungsmaßstab zum Grunde gelegt werden konnte. Ich mache diese Bemerkung ausdrücklich, damit Anfänger durch Widersprüche in den Verhältnissen der gezeichneten Linien an der Wahrheit des Textes nicht zu zweifeln verleitet werden.

16. Zeichne nach dem Augenmaße auf die Seiten ik, kl, und il drei Senkrechten, dm, dn, do, die, unter sich, sich gegen einander wie 5 : 4 : 4½ verhalten, und sich in einem Punkte d vereinigen.
17. Ziehe durch b und d die Linie bd.
18. Diese Linie benutze eben so, wie von vorn Num. 7., 8., 9. ꝛc., 14., bf zu benutzen lehrte, so werden sich entweder die mit dem Schenkel der neu auf bd aufgetragenen Winkel x und y gezogenen Parallelen in einem einzigen Punkte d schneiden, oder, was nur sehr selten der Fall ist, sich ein bei weitem kleineres fehlerzeigendes Dreieck bilden, das nach Nummer 15., 16., 17. ꝛc., leicht gänzlich weggeschafft wird.

Zweiter Fall II.

Standort D Fig. 28. außerhalb des Dreiecks ABC, innerhalb des durch die Punkte A, B, und C gedachten Kreises.

Auflösung. (Fig. 28. und 29.)

1. Ziehe auf dem Meßtische durch den Punkt b, Fig. 29., die magnetische Nordlinie NS.

2. Miß mit der Hand-Boussole aus D, Fig. 28., die magnetische Abweichung der Linie DB = α^0.
3. Trage solche mit dem katadioptrischen Visirlineale an bS, Fig. 29., und ziehe bf.
4. Berichtige aus freier Hand und aus D, Fig. 28., die Stellung der Spiegel für die Entfernung DB.
5. Miß aus D, Fig. 28., zwischen B und C den Winkel x.
6. Lege den Mittelpunkt des Werkzeuges an einen in der Linie bf, Fig. 29., willkürlich angenommenen Punkt ∂, und die Kante des festen Lineals an die Linie ∂b.
7. Ziehe an der Kante des beweglichen Lineals die Linie ∂h, Fig. 29.
8. Miß aus freier Hand und aus D, Fig. 28., zwischen B und A den Winkel y.
9. Lege den Mittelpunkt des Werkzeuges an ∂, Fig. 29., und die Kante des beweglichen Lineals an die Linie ∂h.
10. Ziehe an der Kante des festen Lineals die Linie ∂g, Fig. 29.
11. Ziehe durch a, Fig. 29., ak parallel g∂.

12. Ziehe durch c, Fig. 29., ci parallel hδ; so entstehet entweder der Punkt d oder ein fehlerzeigendes Dreieck ikl. Die Lage des Letzteren gegen die Punkte a, b, und c, und den durch dieselben gedachten Kreis zeigt die Lage des Standorts D, Fig. 28., gegen Dreieck ABC und Kreis. Dieses fehlerzeigende Dreieck ikl fortzuschaffen, benutzt man den in der Auflösung des ersten Falles Nummer 14. (1.) gegebenen Satz und die aus der Erfahrung abstrahirte Regel.

Regel (2). Im zweiten Falle, wo das fehlerzeigende Dreieck ikl, Fig. 29., sich außerhalb des Dreiecks abc, aber innerhalb des Kreises, bildet, liegt der zu bestimmende Punkt d außerhalb des fehlerzeigenden Dreiecks ikl, neben der mittleren Linie kl *).

13. Nimm außerhalb des fehlerzeigenden Dreiecks ikl neben der mittleren Linie kl,

*) kl heißt in Beziehung auf die äußeren Linien fb und ic die mittlere.

Fig. 29., einen Punkt d einstweilen an und schätze nach dem Augenmaße, wie sich da : db : dc verhalten.

14. Zeichne nach dem Augenmaße auf die Seiten kl, ki, und il senkrecht die Linien dm, dn, und do in dem Verhältnisse, wie da : db : dc, und so, daß sie in einem Punkte, d, zusammen treffen.
15. Ziehe durch b und d die Linie bd.
16. Verfahre nun mit der neuen Linie bd eben so, wie früher mit bf unter Nummer 4., 5., 6. ꝛc., 12., verfahren wurde; so wird entweder sich der Punkt d, Fig. 29., als der gemeinschaftliche Durchschnittspunkt dreier Linien, da, db, und dc, oder, wiewohl selten, ein kleineres fehlerzeigendes Dreieck ergeben, welches nach Nummer 13., 14., 15., fortgeschafft wird.

Dritter Fall III.

Standort D, Tafel IV. Fig. 30., außerhalb des Dreiecks und Kreises im Scheitelwinkel PAQ des Dreiecks ABC.

Auflösung. (Fig. 30. und 31.)

1. Ziehe auf dem Meßtische durch den Punkt b, Fig. 31., die magnetische Nordlinie NS.

2. Miß aus freier Hand aus D, Fig. 30., mit der Hand-Boussole die magnetische Abweichung der Linie DB = α^0.
3. Lege diese mit dem Visirlineale an die Linie bS, Fig. 31., und ziehe bf.
4. Berichtige aus D, Fig. 30., und aus freier Hand die Stellung der Spiegel für die Entfernung DB.
5. Miß aus D, Fig. 30., und aus freier Hand zwischen B und C den Winkel x.
6. Lege den Mittelpunkt des Werkzeuges an einen in der Linie bf, Fig. 31., willkürlich gewählten Punkt δ und die Kante des festen Lineals an die Linie δb.
7. Ziehe an der Kante des beweglichen Lineals die Linie δg, Fig. 31.
8. Miß aus D, Fig. 30., und aus freier Hand zwischen B und A den Winkel y.
9. Lege den Mittelpunkt des Werkzeuges an δ, Fig. 31., und die Kante des festen Lineals an die Linie δb.
10. Ziehe an der Kante des beweglichen Lineals die Linie δh, Fig. 31.
11. Ziehe durch a, Fig. 31., ak parallel δh.
12. Ziehe durch c, Fig. 31., ci parallel δg;

so entstehet entweder der Punkt d oder ein fehlerzeigendes Dreieck ikl. Die Lage des Letzteren gegen die Punkte a, b, und c und den durch dieselben gedachten Kreis, zeigt die Lage des Standorts D, Fig. 31., gegen das Dreieck ABC und Kreis. Zur Fortschaffung dieses fehlerzeigenden Dreiecks ikl benutzt man den in der Auflösung des ersten Falles Nummer 13. (1.) gegebenen Satz und die aus der Erfahrung abstrahirte Regel.

Regel (2). Im dritten Falle, wo sich das fehlerzeigende Dreieck ikl, Fig. 31., im Scheitelwinkel paq des Dreiecks abc bildet, liegt der zu bestimmende Punkt d außerhalb des fehlerzeigenden Dreiecks ikl neben der mittleren Linie kl.

13. Nimm außerhalb des fehlerzeigenden Dreiecks ikl, Fig. 31., neben der mittleren Linie, einen Punkt, d, einstweilen an, und schätze nach dem Augenmaße, wie sich da : db : dc verhalten.

14. Zeichne nach dem Augenmaße auf die Sei-

ten kl, ik, und ll senkrecht die Linien dm, dn, und do in dem Verhältnisse wie da : db : dc, und so, daß sie in einem Punkte, d, zusammen treffen.

15. Ziehe durch b und d die Linie bd.
16. Verfahre nun mit der neuen Linie bd eben so, wie früher mit bf unter Nummer 4., 5., 6. ꝛc. 12., verfahren wurde; so wird entweder sich der Punkt d, Fig. 31., als der gemeinschaftliche Durchschnittspunkt dreier Linien da, db, und dc, oder, wiewohl selten, ein kleineres fehlerzeigendes Dreieck ergeben, welches nach Nummer 13., 14., 15. fortgeschafft wird.

Vierter Fall IV.

Standort D, Fig. 32., außerhalb des Dreiecks ABC und Kreises einer Seite BC des Dreiecks ABC gegen über *).

---

*) Ob das nachher entstandene fehlerzeigende Dreieck, ikl, einer Seite gegen über, oder im Scheitelwinkel, liege, und ob der IV. oder III. Fall Statt finde, erkennt man leicht durch die Verlängerungen bp und cq, Fig. 33., der Seiten ab und ac.

Auflösung. (Fig. 32. und 33.)

1. Ziehe durch den Punkt b, Fig. 33., auf dem Meßtische die magnetische Nordlinie NS.
2. Miß aus freier Hand aus D, Fig. 32., mit der Hand-Boussole die magnetische Abweichung der Linie DB = α^0.
3. Lege sie mit dem Visirlineale an die Linie bS, Fig. 33., an, und ziehe bf.
4. Berichtige aus D, Fig. 32., und aus freier Hand die Stellung der Spiegel für die Entfernung DB.
5. Miß aus D, Fig. 32., und aus freier Hand zwischen B und C den Winkel x.
6. Lege den Mittelpunkt des Werkzeuges an einen in der Linie bf, Fig. 33., willkürlich angenommenen Punkt δ, und die Kante des festen Lineals an die Linie δb.
7. Ziehe an der Kante des beweglichen Lineals die Linie δg, Fig. 33.
8. Miß aus D, Fig. 32., und aus freier Hand zwischen B und A den Winkel y.
9. Lege den Mittelpunkt des Werkzeuges an δ, Fig. 33., und die Kante des festen Lineals an die Linie δb.

10. Ziehe an der Kante des beweglichen Lineals die Linie dh, Fig. 33.

11. Ziehe durch a, Fig. 33., di parallel dh.

12. Ziehe durch c, Fig. 33., ci parallel dg; so entstehet entweder der Punkt d oder ein fehlerzeigendes Dreieck ikl. Die Lage des Letzteren gegen die Punkte a, b, und c und den durch dieselben gedachten Kreis zeigt die Lage des Standorts D, Fig. 32., gegen das Dreieck ABC und Kreis. Zur Wegschaffung des fehlerzeigenden Dreiecks ikl benutzt man den in der Auflösung des ersten Falles Nummer 13. (1.) gegebenen Satz und die aus der Erfahrung abstrahirte Regel.

Regel (2). Im vierten Falle, wo sich das fehlerzeigende Dreieck ikl, Fig. 33., außerhalb des Dreieckes und Kreises bildet, liegt der zu bestimmende Punkt d außerhalb des fehlerzeigenden Dreiecks neben dem von den beiden äußeren Linien bk und ci gebildeten Winkel lki.

13. Nimm außerhalb des fehlerzeigenden Dreiecks ikl, Fig. 33., neben dem Winkel bki einen Punkt, d, einstweilen an, und schätze nach dem Augenmaße, wie sich da : db : dc verhalten.

14. Zeichne nach dem Augenmaße auf die Seiten il, kl, und ik senkrecht die Linien dm, dn, und do in dem Verhältnisse, wie da : db : dc, und so, daß sie in einem Punkte zusammen treffen.

15. Ziehe durch b und d die Linie bd.

16. Verfahre ferner mit dieser Linie, wie mit bf unter Nummer 4., 5., 6. rc., 12., verfahren wurde; so wird sich entweder der Punkt d als der gemeinschaftliche Durchschnittspunkt dreier Linien da, db, und dc oder, wiewohl selten, ein kleineres fehlerzeigendes Dreieck ergeben, welches nach Nummer 13., 14., 15., fortzuschaffen ist.

Fünfter Fall V.

Standort D, Fig. 34., im Umfange des durch das Dreieck ABC gedachten Kreises.

Unbestimmte Auflösung. (Fig. 34. und 35.)

Daß in diesem speziellen Falle die Auflösung der Aufgabe unbestimmt sei, oder daß sich durch die gemessenen Winkel x und y eine unendliche Menge Punkte d, δ, δ' ꝛc. finden lasse, von welchen man denjenigen, der die ähnliche Lage gegen a, b, und c, so wie D gegen A, B, und C hat, durch kein Mittel genauer zu bestimmen im Stande ist, läßt sich auf folgende Weise zeigen.

Es sei d der gegen a, b, und c, Fig. 35., eben so wie D gegen A, B, und C genau liegende Punkt und α die richtige *magnetische* Abweichung der Linie bd von der magnetischen Nordlinie; man ziehe unter einem größeren Winkel α' aus b die Linie bδ' und verbinde δ' durch gerade Linien mit a und c, so sind die entstandenen Winkel $x' = x$ und $y' = y$, als Peripherie-Winkel über gleichen Sehnen ac und ab. Eben so wird, wenn α'' größer als α genommen, bδ'' gezogen und a und c mit δ'' durch gerade Linien verbunden wird, $x'' = x$ und $y'' = y$ aus gleichem Grunde sein.

Es fließt hieraus die praktische Regel, daß, wenn man, nach Anleitung der vorhergegangenen Auflösungen verfahrend, sogleich, ohne ein fehlerzeigendes Dreieck zu erhalten, einen Punkt, d, findet, man sich erst zu überzeugen sucht, ob man auf dem Felde nicht im Umfange des Kreises stehet; dieses zu finden, halbire man in e und in g die zwei Seiten ab und bd, Fig. 35., des erhaltenen Vierecks, errichte Senkrechten ef und gf, und setze, im gemeinschaftlichen Durchschnittspunkte beider, in f den einen Zirkelfuß, den anderen aber in einem der Dreieckspunkte, z. B. in b, ein. Läßt sich aus dem Mittelpunkte f mit dem Halbmesser fb durch alle vier Punkte der Kreis schlagen, so steht man in der Peripherie des Kreises und muß sich anstatt a, b, oder c einen anderen Punkt zur Lösung der Aufgabe wählen. Doch findet dieser Fall nur selten Statt.

Auflösung der Aufgabe, wenn die drei Punkte A, B, und C, Fig. 36., in gerader Linie, der Standort D aber ihr zur Seite liegt.
(Fig. 36. und 37.)

1. Ziehe durch den Punkt a, Fig. 37., die magnetische Nordlinie NS.
2. Miß mit der Hand-Boussole aus D, Fig. 36., die magnetische Abweichung der Linie AD = α^0.

3. Lege dieselbe mit dem Visirlineal an aS und ziehe af.
4. Berichtige aus D, Fig. 36., und aus freier Hand die Stellung der Spiegel für die Entfernung DA.
5. Miß aus freier Hand aus D, Fig. 36., zwischen A und C den Winkel x.
6. Lege den Mittelpunkt des Werkzeuges an einen in der Linie af, Fig. 37., willkürlich angenommenen Punkt ð und die Kante des festen Lineals an að.
7. Ziehe an der Kante des beweglichen Lineals die Linie ðg, Fig. 37.
8. Miß aus freier Hand aus D, Fig. 36., zwischen A und B den Winkel y.
9. Lege den Mittelpunkt des Werkzeuges an ð, Fig. 37., und die Kante des festen Lineals an die Linie að.
10. Ziehe an der Kante des beweglichen Lineals die Linie ðh, Fig. 37.
11. Ziehe durch b, Fig. 37., bk parallel ðh.
12. Ziehe durch c, Fig. 37., ci parallel ðg, so wird sich entweder der Punkt d oder ein fehlerzeigendes Dreieck ikl bilden. Letzteres schafft man ganz auf die nämliche

Weise und nach derselben Regel wie im II. Falle, Seite 99., fort.

β. Geometrische Verzeichnungsmethode nach Vega.

Diese Methode ist theoretisch besser, weil sie direkt zum Zwecke führt; praktisch ist sie aber weitläufiger und eines nachher zu berührenden Umstandes wegen schlechter als vorige.

Hier findet keine Berücksichtigung aller Fälle Statt, nur ob man im Dreiecke oder außerhalb desselben stehe, braucht man zu wissen, und dieses ist doch ziemlich schwer zu verwechseln; der Standort im Umfange des Kreises läßt gar keine Auflösung zu; warum, werde ich in der Folge angeben.

Erster Fall.

Standort außerhalb des Dreieckes.

Auflösung. (Fig. 38. und 39.)

1. Berichtige aus freier Hand aus D, Fig. 38., die Stellung der Spiegel für die Entfernung DB.
2. Miß aus freier Hand aus D, Fig. 38., zwischen B und A den links AD liegenden Winkel x.

3. Lege

3. Lege des Werkzeuges Mittelpunkt an den rechten Endpunkt c der Linie bc, Fig. 39., und die Kante des festen Lineals an cb.

4. Ziehe an der Kante des beweglichen Lineals die Linie ce, Fig. 39.

5. Berichtige aus D, Fig. 38., die Spiegelstellung für die Entfernung DA.

6. Miß aus D, Fig. 38., und aus freier Hand zwischen A und C den rechts von AD liegenden Winkel y.

7. Lege des Werkzeuges Mittelpunkt an den linken Endpunkt b, Fig. 39., der Linie bc und die Kante des beweglichen Lineals an bc.

8. Ziehe an der Kante des festen Lineals die Linie be, Fig. 39.

9. Durch den Durchschnittspunkt e, Fig. 39., der Linien be und ce und durch den Dreieckspunkt a*) ziehe die gerade Linie ad.

---

*) In vielen Fällen fallen a und e so nahe zusammen, daß man durch diese Punkte nicht genau genug die Richtung der Linie ad bestimmt hat; aus diesem und aus einem andern bei dem folgenden Falle

10. Lege das Werkzeug mit dem Mittelpunkte an den Punkt e, Fig. 39., und öffne es, bis die Kanten beider Lineale an den Linien ed und ec liegen, und den rechts von ad liegenden Winkel v fassen.
11. Lege des Werkzeuges Mittelpunkt an den linken Endpunkt b, Fig. 39., der Linie bc, und die Kante des festen Lineals an bc.
12. Ziehe an der Kante des beweglichen Lineals die Linie bd, Fig. 39.
13. Lege des Werkzeuges Mittelpunkt an den Punkt e, Fig. 39., und öffne es, bis die Kanten beider Lineale an den Linien ed und eb liegen, und den links von ad liegenden Winkel z fassen.
14. Lege des Werkzeuges Mittelpunkt an den rechten Endpunkt c der Linie bc und die Kante des beweglichen Lineals an die Linie cb.
15. Ziehe an der Kante des festen Lineals die Linie cd.

---

zu erwähnenden Grunde ist diese direkte Auflösungsmethode für die Praxis in ihrer Anwendung sehr beschränkt.

Zweiter Fall.

Standort in dem Dreiecke.

Auflösung. (Fig. 40. und 41.)

1. Berichtige aus freier Hand aus D, Fig. 40., die Stellung der Spiegel für die Entfernung DC.
2. Stecke in der Verlängerung von AD, Fig. 40., ganz genau einen Punkt F aus*).
3. Miß aus freier Hand aus D, Fig. 40., zwischen C und F den rechts an DF liegenden Winkel y.
4. Lege des Werkzeuges Mittelpunkt an den linken Endpunkt b, Fig. 41., der Linie bc und die Kante des festen Lineals an diese Linie.
5. Ziehe an der Kante des beweglichen Lineals die Linie be.
6. Berichtige aus D, Fig. 40., und aus freier Hand die Stellung der Spiegel für die Entfernung DF.
7. Miß aus freier Hand aus D, Fig. 40., zwischen F und B den links von DF liegenden Winkel x.

---

*) Vergleiche Anmerkung unter S. 95.

8. Lege des Werkzeuges Mittelpunkt an den rechten Endpunkt c, Fig. 41., der Linie cb und die Kante des beweglichen Lineals an diese Linie.
9. Ziehe an der Kante des festen Lineals die Linie ce, Fig. 41.
10. Durch den Durchschnittspunkt e *), Fig. 41., der Linien be und ce und durch den Dreieckspunkt a ziehe die gerade Linie ae.
11. Lege das Werkzeug mit dem Mittelpunkte an den Punkt e, Fig. 41., und öffne es, bis die Kanten beider Lineale an den Linien ed und ec liegen, und den rechts von ae liegenden Winkel v fassen.
12. Lege des Werkzeuges Mittelpunkt an den linken Endpunkt b, Fig. 41., der Linie bc und die Kante des beweglichen Lineals an diese Linie.

---

*) Hier fallen zwar a und e weit genug aus einander, um die Richtung der Linie ae sicher zu haben, aber der zweite Uebelstand, der hier häufig eintritt, ist der, daß e so weit von a abfällt, daß dieser Punkt nur in wenigen Fällen noch auf den Meßtisch, sondern meisten Theils außerhalb desselben, fällt, folglich nicht angegeben werden kann.

13. Ziehe an der Kante des festen Lineals die Linie bd, Fig. 41.

14. Lege den Mittelpunkt des Werkzeuges an den Punkt e, Fig. 41., und öffne es, bis die Kanten beider Lineale an den Linien eb und ea liegen, und den links von ae liegenden Winkel z fassen.

15. Lege des Werkzeuges Mittelpunkt an den rechten Endpunkt c der Linie bc und die Kante des festen Lineals an diese Linie.

16. Ziehe an der Kante des beweglichen Lineals die Linie cd.

γ. Weitenmessung durch aliquote Theile der gesuchten Weiten für den Gebrauch im Kriege.

(Fig. 42., 43., 44., 45.)

Theorie dieser Messungsmethode.

Nimmt man im rechtwinkligen Dreieck ABC, Fig. 42., AB = 1 und BC nach und nach $= 1, = \frac{1}{2}, = \frac{1}{3}, = \frac{1}{4}, = \cdots\cdots = \frac{1}{10}$ ꝛc. an, und berechnet trigonometrisch nach der Formel, AB : BC = sin. tot. : Cotg. x;

$$\text{Cotg. } x = \frac{BC \text{ Sin. tot.}}{AB}$$ und für Sin. tot. $=1$,

$$\text{Cotg. } x = \frac{BC}{AB},$$ die Größe der Winkel x für jede einzelne Annahme; so entstehet folgende zur Weitenmessung brauchbare Tabelle für den Feldgebrauch.

Tafel A.

Für solche Werkzeuge, welche die Winkel von Sekunde zu Sekunde geben.

Wird im rechtwinkligen $\triangle$ ACB der Punkt C gesucht unter einem		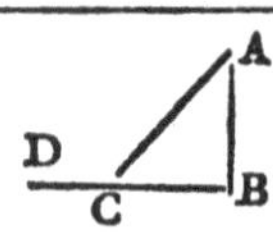
$\angle$ ACB	äußern $\angle$ ACD	so ist AB =
63° 26′ 6″	116° 33′ 54″	2 BC.
71° 33′ 54″	108° 26′ 6″	3 BC.
75° 57′ 50″	104° 2′ 10″	4 BC.
78° 41′ 24″	101° 18′ 36″	5 BC.
80° 32′ 16″	99° 27′ 44″	6 BC.
81° 52′ 12″	98° 7′ 48″	7 BC.
82° 52′ 30″	97° 7′ 30″	8 BC.
83° 39′ 35″	96° 20′ 25″	9 BC.
84° 17′ 22″	95° 42′ 38″	10 BC.
89° 25′ 38″	90° 34′ 22″	100 BC.

Da die Winkel ACB oder ACD, welche in der Tafel A bis auf Sekunden gehen, zur Absteckung im Felde nicht wohl anwendbar sind; weil die Werkzeuge der militärischen Aufnehmer nicht kleinere Theile der Winkel, als von 2′ zu 2′, anzugeben eingerichtet sind; indem es nutzlos sein würde, sie feiner einzutheilen, weil sie mit unbewaffnetem Auge gebraucht werden und das bloße Auge den Winkel nur bis höchstens 2′ zu messen geeignet ist: so habe ich, nach angestellter Untersuchung, wie groß der Fehler, in der Berechnung einer Weite AB = 1 für BC = $\frac{1}{2}$, $\frac{1}{3}$ u. s. w., $\frac{1}{100}$, werden könnte, wenn der Winkel ACB um einige Sekunden zu groß oder zu klein angenommen würde, nachfolgende Tafel B für Werkzeuge, die von 2′ zu 2′ die Winkel angeben, eingerichtet, welche die Weiten mit vieler Genauigkeit durch die angegebene Formel zu bestimmen geeignet ist. Auch selbst dann, wenn das Werkzeug mit einem Fernrohre versehen ist, und in der Theilung bis auf $\frac{1}{2}$′ gehet, muß man sich die dadurch entstehenden Fehler für alle Fälle berechnen.

Tafel B.

Wenn der Winkelmesser die Winkel nur von 2′ zu 2′ angibt.			
Wird im rechtwinkligen △ ABC der Punkt C gesucht unter einem		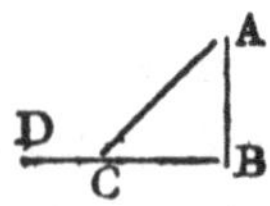	
∠ACB =	äußern ∠ACD =	so ist: AB =	oder kürzer ausgedruckt =
63° 26′	116° 34′	2 BC + 0,00008 BC	= 2 00008 BC.
71° 34′	108° 26′	3 BC — 0,00009 BC	= 2,99991 BC.
75° 58′	104° 2′	4 BC — 0,00021 BC	= 3,99979 BC.
78° 42′	101° 18′	5 BC — 0,000902 BC	= 4,999098 BC
80° 32′	99° 28′	6 BC + 0,000468 BC	= 6,000468 BC
81° 52′	98° 8′	7 BC + 7,000403 BC	= 6,000403 BC.
82° 52′	97° 8′	8 BC + 0,001178 BC	= 8.001178 BC.
83° 40′	96° 20′	9 BC — 0,00109 BC	= 8,99891 BC.
84° 18′	95° 42′	10 BC — 0,00187 BC	= 9,99813 BC.
89° 26′	90° 34′	100 BC — 0,01107 BC	= 99,98893 BC.

Erste Aufgabe.

Die Weite AB Fig. 43., in deren Endpunkt B man kommen kann, (ohne Zeichnung) zu messen.

Auflösung.

1. Berichtige aus B Fig. 43. die Stellung der Spiegel für die Entfernung AB.

2. Stelle den Zeiger des Werkzeuges auf 90°.

3. Siehe nach dem Endpunkt A und merke, welches entfernte Objekt E genau senkrecht unter ihm im Spiegel erscheint.

4. Siehe aus B mit bloßem Auge nach E, und merke in der Linie BE einen Allignementspunkt D.

5. Berichtige aus B die Stellung der Spiegel für die Entfernung BE.

6. Stelle den Zeiger des Werkzeuges auf einen der in der Tafel B enthaltenen äußeren Winkel *) ACD, z. B. auf 63° 26′.

7. Reite von B aus, die Schritte zählend, und dich durch Hülfe der Punkte D und E genau in der Linie BE haltend, so lange mit dem öfters ans Auge gehaltenen Werkzeuge fort, bis im Punkte C im kleinen Spiegel die Bilder von A und E sich ge-

---

*) Wollte man zur Absteckung des rechtwinkligen Dreiecks ABC lieber den spitzen Winkel x als den äußern stumpfen Winkel y benutzen, so würde man sich öfter umdrehen und nach B zurück visiren müssen; um aber dieß zu vermeiden, ist es besser, den äußeren stumpfen Winkel y anzuwenden.

nau unter einander zeigen (oder decken); wo dann also Winkel $y = 63° 26'$ ist.

8. Wären nun z. B. von B bis C für die Länge BC = 2540 Schritte gezählt worden; so ist nach der letzten Spalte der Tafel B
AB = 2,00008 AC.
= 2,00008. 2540 Schritte.
= 5080,2032 Schritte = 5080⅕ Schritt beinahe. Hätte man die Weite BC mit der Kette gemessen, so würde die Berechnung noch Zehntheile der Linien angeben.

Anmerk. Wäre Winkel $y = 135°$ oder Winkel $x = 45°$ gemacht worden, so würde BC = AB geworden sein.

Zweite Aufgabe.

Die unzugängliche Weite AB, Fig. 44., (ohne Zeichnung) zu messen.

Auflösung.

1. Wähle zur Seite der unzugänglichen Entfernung AB einen Punkt C.
2. Berichtige aus C die Stellung der Spiegel für die Entfernung CA.
3. Stelle den Zeiger des Werkzeuges auf 90°.
4. Visire aus C nach A, und merke das senk-

recht unter A im kleinen Spiegel erscheinende ferne Objekt D.

5. Berichtige aus C die Stellung der Spiegel für die Entfernung CB.
6. Stelle den Zeiger des Werkzeuges auf 90°.
7. Visire von C nach B und merke das senkrecht unter B im kleinen Spiegel ersche nende ferne Objekt F.
8. Berichtige aus C die Spiegelstellung für die Entfernung CD.
9. Stelle den Zeiger des Werkzeuges auf einen in der Tafel B enthaltenen äußeren Winkel z. B. 71° 34.
10. Reite von C nach D, durch Hülfe eines gewählten Allignementspunktes genau die Linie CD haltend, bis sich ein Punkt E findet, in dem, wenn man nach E visirt, die Bilder von D und A sich genau decken.
11. Bezeichne den Punkt D durch ein sichtbares Merkmahl E auf dem Boden.
12. Reite nach C zurück und berichtige die Stellung der Spiegel auf die Entfernung CF.
13. Stelle den Zeiger des Werkzeuges auf

denselben aus der Tafel B entnommenen äußeren Winkel, z. B. 71° 34′.

14. Reite von C nach F, durch Hülfe eines gewählten Allignementspunktes genau die Linie CF haltend, bis sich ein Punkt G findet, in dem, wenn man nach G visiret, die Bilder von F und B sich genau decken.

15. Bezeichne den Punkt G durch ein sichtbares Merkmahl G auf dem Boden.

16. Reite von G nach E, die Schritte zählend.

17. Wäre GE = 2731 Schritten; so ist nach der letzten Spalte der Tafel B und nach den aus Fig. 44. sich ergebenden geometrischen Wahrheiten

$$AB = 2.99991\,GE$$
$$= 2.99991 \times 2731 \text{ Schritte}$$
$$= 8192{,}75421 \text{ Schritt} = 8192\tfrac{3}{4} \text{ Schritt}$$

beinahe.

Anmerk. Mehrere auf diese Art zu lösende Aufgaben kann man aus dem ersten Theile meiner Vermessungskunde, aus den mit der Meßkette und dem Winkelkreuze zu lösenden Aufgaben, entnehmen.

Dritte Aufgabe.

Zu einer unzugänglichen Weite AB, Fig. 44., durch den Punkt C eine Parallele HI auszustecken.

Auflösung.

1. Verfahre genau so, wie die vorige Aufgabe von 1. bis mit 15. lehrt.

16. Berichtige aus G die Spiegelstellung für die Entfernung GC.

17. Stelle den Zeiger des Werkzeuges auf 90°.

18. Suche auf GE den Punkt H, wo sich, wenn man nach C visiret, die Bilder von C und E in dem kleinen Spiegel decken.

19. Bezeichne diesen Punkt durch ein kenntliches Merkmahl H.

20. Verlängere CH durch Aussteckung des Punktes I, so ist HI die verlangte Parallele; denn es ist gar nicht schwer, den Beweis zu führen, daß GE, genugsam verlängert, die AB senkrecht schneidet.

Vierte Aufgabe.

Die Kapitale eines Bastions abzustecken. (Fig. 45.)

Auflösung.

1. Stecke die Verlängerungen der Facen CF und CG durch die Punkte A und B aus.
2. Berichtige aus A die Spiegelstellung für die Entfernung AC.
3. Miß aus A den Winkel x zwischen C und B.
4. Notire dessen Größe in die Schreibtafel.
5. Reite nach B, und berichtige die Stellung der Spiegel für die Entfernung BA.
6. Miß aus B zwischen A und C den Winkel y.
7. Addire dessen Größe zu der des Winkels x, und nimm von der Summe $= x + y$ die Hälfte $= \frac{x + y}{2}$.
8. Stelle den Zeiger des Werkzeuges auf $\left(\frac{x + y}{2}\right)^{\circ}$.
9. Suche aus B mit dem Werkzeuge einen gegen BC unter diesem Winkel gelegenen entfernten Punkt H auf, und merke den-

selben und einen mit ihm in derselben Linie liegenden Punkt I.

10. Stelle den Zeiger des Werkzeuges auf 90°.

11. Reite von B nach H und suche einen Punkt, E, wo sich die Bilder der Punkte C und H genau im kleinen Spiegel dekken; so ist dieß der verlangte Punkt und CE die Kapitale.

Auch kann man, von Nummer 9. an, anders bei Auflösung dieser Aufgabe, wie folget, verfahren.

9. Reite in der Linie BC fort, bis in einem Punkte, D, sich die Bilder von A und C im kleinen Spiegel decken.

10. Stelle den Zeiger des Werkzeuges auf 90°.

11. Reite in der Linie DA fort, bis sich in einem Punkte, E', die Bilder von A und C im kleinen Spiegel decken; so ist dieß ebenfalls ein die Kapitale bezeichnender Punkt.

Vierter Abschnitt.

Winke zu der Aufnahme ganzer Gegenden und zur Eintragung des Terrains; Prüfung der Richtigkeit der Werkzeuge.

In dem vorher gegangenen Abschnitte sind alle Hülfsmittel gegeben, um dadurch alle nur möglichen Gegenstände bei Aufnahme einer Quadratmeile auf das Papier bringen zu können. So kann zum Beispiel das geometrische Netz der aufzunehmenden Gegend nach einer der ersten fünf Aufgaben oder nach Fig. 1. — 20. entworfen werden, je nach dem die Beschaffenheit der Standlinie dieß bestimmt. In der freien waldlosen Gegend werden sodann die zweite, dritte, und vierte Aufgabe, Fig. 5. — 16. Tafel III., die Wege, Flüsse, Häuser, Mühlen, Kirchthürme, ausgezeichnete Bäume, der Rand des Waldes rc. bestimmt und rechts und links des Ganges der Aufnahme die Form des Bodens gleichzeitig aufgenommen, oder krokirt. Kuppen der Berge, Hauptpunkte der Höhenzüge, die man nur dann genau erkennt, wenn man ihnen nahe kommt, werden am

besten

besten durch die siebente Aufgabe Fig. 25.—41. Tafel III. und IV. bestimmt. Zur Aufnahme von Dörfern und Städten benutzt man die sechste Aufgabe A Fig. 21. und 22.; da hingegen durch die sechste Aufgabe B Fig. 23. und 24. nur das Innere der Wälder genau aufzunehmen ist.

Die Reihefolge, in welcher diese Aufgaben bei Aufnahme einer Gegend in Anwendung kommen, wird durch die Beschaffenheit des Terrains und die Zeitdauer der Aufnahme bestimmt; deßhalb können in Büchern gegebene Beispiele ganzer Aufnahmen und des dabei beobachteten Ganges nichts nützen; weil man nicht im Stande ist, sie den Aufnahmen, welche man unternehmen will, anzupassen, ohne ein Prokrustes-Bett *) daraus zu machen. Eigene Uebung führt hier sicherer zum Ziele und zur Selbstständigkeit; nur muß man im Anfange sich vor dem zu vielen Bestimmen der Gegenstände hüten und ja nicht, wie jeder Anfänger gemeinhin zu thun pflegt,

*) Prokrustes war ein berüchtigter Räuber im Alterthume. Anm. d. Korr.

jede im kleinen Maßstabe in der Zeichnung nicht auszudruckende Biegung, z. B. bei der Aufnahme eines Flusses, mit geometrischer Aengstlichkeit verfolgen. Ohne sich ängstlich an das Kleine zu heften, hüte man sich vor dem entgegen gesetzten Fehler des Schnellaufnehmens, und breche nichts dabei über das Knie; nur das richtige Verstehen, was in dem gegebenen Maßstabe auszudrucken sei, und wie groß die Fläche, welche man vor dem Auge hat, auf dem Papiere verjüngt erscheint, hilft zur richtigen Beurtheilung, wie viele Punkte geometrisch bestimmt werden müssen, wie weit solche von einander abstehen dürfen, was nicht auszudrucken sei, und welche Dinge der Bestimmung durchs Augenmaß anheim fallen.

Man versäume nicht, sich genau nach den bei den Aufgaben gegebenen Vorschriften zu richten; vergesse nie, die angegebene Spiegelberichtigung vorzunehmen; weil man etwa glaubt, daß solche Kleinigkeiten keine Fehler hervor bringen können: denn diese anscheinenden Kleinigkeiten führen weit größere Fehler herbei, als man zu glauben im Stande sein möchte. Eben so lasse man sich durch die im Texte und in der Figur weitläufig scheinenden Aufgaben nicht abschrecken, denn in der Praxis sind sie weit einfacher. Ferner benutze man durchaus die erwähnte Hand-Boussole zu nichts anderm, als zu dem im Buche angegebenen Zwecke, weil sie rücksichtlich der zu gebenden Genauigkeit mit dem Winkelmesser in gar keinem Verhältnisse stehet; selbst im Walde erlangt man bei Bestimmung der Wege, mittelst derselben, nur sehr trügliche Resultate, die sich mit denen, welche bei vorsichtiger und genauer Anwendung des katadioptrischen Visirlineals erlangt werden, nie vereinigen lassen.

In Gebirgsgegenden hüte man sich, mit Letzterem in sehr schiefen Ebenen liegende Winkel zu messen, deren Größe von der ihrer horizontalen Projection bedeutend genug verschieden ist, um Fehler zu veranlassen. Kann man es nicht vermeiden, zwischen zwei nahen, aber sehr ungleich hohen, Gegenständen Winkel zu messen, so suche man unter der Spitze des höheren Gegenstandes, durch ein Bleiloth (Seidenfaden mit einer Bleikugel), welches man vorhält, einen senkrecht darunter liegenden tiefern Punkt auf, und messe nachher den Winkel zwischen dem ersten Gegenstande und diesem tiefern Punkte. Winkel hingegen, deren Ebene mehrere Minuten, einen halben, oder auch einen ganzen Grad, gegen den Horizont geneigt sind, können ohne alles Bedenken in dieser Lage gemessen und zur Auflösung der Aufgaben verwendet werden, weil sie in der Größe von den ihnen zugehörigen Horizontalwinkeln um weniger abweichen, als durch die Bleistift-Verzeichnung ausgedruckt werden kann.

Was das Aufnehmen der Berge ꝛc. betrifft, verweise ich auf ein genaues Studium der von mir bei Rücker in Berlin heraus gegebenen Horizontal-Projection der Berge und auf meinen bei Cawitzel in Berlin im Jahre 1825. erschienenen Wegweiser zum Aufnehmen. Wer überhaupt sich angelegen sein läßt, meine Winke gehörig zu befolgen, wird die Belohnung in der Ausbildung seiner Fähigkeiten mehr, als er erwartet hat, ernten. Hat man nach der von mir, in beiden erwähnten Werken, angegebenen Methode die Entwerfung der Horizontalen in der Aufnahme, ohne solche vorher auf dem Terrain wirklich abzustecken, gehörig erlernt, und im Großen an einigen Beispielen gehörig eingeübt, auch eine Fertigkeit im Bergzeichnen und eine gehörige Einsicht in die Theorie desselben gewonnen; so wird man folgende flüchtige, dennoch aber vollkommen genaue, Art, das Terrain zu krokiren, verstehen können.

Auf jedem Terrain-Abschnitte Fig. 46. suche man die höchste Kuppe a auf, schneide sich auf diesem Punkte, nach der siebenten Aufgabe, durch die bereits auf dem Meßtische befindlichen Netzpunkte, ein, bestimme auf dem Meßtische Visirlinien ab, ac, ae, sehe, welche Richtung af dem kleinsten Neigungswinkel, und welche ag dem steilsten Neigungswinkel gibt, und bezeichne Erstere als die Richtung des Rückens. Man schreite die Entfernungen ah und hb des Einsattelungspunktes h und der nahen Kuppe b ab, bestimme in h die Richtung der Schlucht hs und hr, in b die Richtung br, des kleinsten Neigungswinkels als Rücken, und die Richtung bq des steilsten Neigungswinkels. Hierauf bestimmt man die Weite af, schneidet die Kuppen c und e durch die Visirlinien fc und fe vorwärts ab, legt die Richtung des Rükkens fi nieder, bestimmt aus f nach verschiedenen Richtungen fo, fo, den Abstand der Schlucht, und durch die Entfernung fi den Endpunkt i des Rückens. Aus i gehet man, nachdem der Abstand id der nächsten Kuppe gemessen, eine Visirlinie dp nach der jetzt sichtbaren Kuppe p gezogen, und die Abstände do, do, do der Schlucht bestimmt sind, nach der Richtung dl vor, um die Richtung der steilsten Neigung und die Aenderungen des Abfalls einzutragen; sucht von da die Anfangspunkte m, m, m, m, m, der Schluchten auf, trägt die Richtungen mn, mn, mn, mn, mn, derselben ein, und bestimmt die Lage der die Grenze des Terrain-Abschnittes auf dieser Seite bezeichnenden Punkte. Nach d zurück gekehrt bestimmt man die Richtung dk des Rückens, den Plateaupunkt q', den zunächst q liegenden Schluchtenpunkt m, die Richtung mn dieser Schlucht und die Lage des Punktes n. Endlich trägt man aus q die Richtungen q'm', q'v, qu, qt, ein, und bestimmt die Lage der Punkte m', n', v, u, t. So hat man durch die gezogenen Richtungslinien und bestimmten Punkte für den begangenen Theil des Terrain-Abschnittes ein so vollständiges Netz, in welchem, mittelst einiger gemessenen Neigungswinkel, jeder Theoriekundige leicht die Bergzeichnung nach den richtigen Neigungslinien und Verhältnissen einzutragen im Stande ist. Auf gleiche Weise entwirft man von dem andern Theile des Terrain-Abschnittes aus den Punkten c, p, e ein ähnliches Netz.

Hierbei hat man auch noch die Gelegenheit zu benutzen, nach allen sichtbaren Kuppen, Schluchten, und Grenzpunkten der nebenliegenden Terrain-Abschnitte Richtungslinien zu ziehen, und alles, was sich von diesen Punkten genau genug bestimmen läßt, im voraus zur Erleichterung der künftigen Arbeit zu bestimmen. Dieses Letztere ist gerade das, welches im Mittelgebirge die Arbeit sehr erleichtert, weil man da, von den Höhenpunkten aus, eine weit größere Uebersicht und Erkenntniß der Terrain-Gestaltung gewinnt, als in so flachen Gegenden, wie die unsrige; ja, es ist in unserer Gegend sogar sehr leicht, durch vorkommende optische Täuschung, wegen des Steigens oder Fallens einer Fläche, so lange in Ungewißheit zu sein, bis man zum Höhenmesser greift, und durch unmittelbare Messung der geringen Neigung von einem Viertel- oder halben Grade den Zweifel hebt.

Zur Messung der Neigungswinkel und zur Aufnahme der Bergprofile benutze man den schmalkalderschen Höhenmesser, mit dem auch aus jedem Terrainpunkte, wenn man ihn so hält, daß das Querhaar des Diopters 0° der Theilung abschneidet, sehr leicht zu untersuchen ist, welche Nebenpunkte des Terrains höher oder tiefer liegen als der Standort.

Alle hier zum Gebrauche vorgeschlagenen Werkzeuge müssen außer dem, daß die bereits angegebenen Berichtigungen vorgenommen werden, noch vor dem Gebrauche, wegen der bei ihrer Construction vielleicht begangenen Fehler, auf folgende Art praktisch geprüft werden.

Beim katadioptrischen Visirlineale untersucht man erst, ob sich die Flächen beider Lineale genau zusammen legen lassen, sodann ob der Zeiger des Nonius und der Nullpunkt der Theilung genau zusammen treffen, und ob der Mittelpunkt und die Kante der Lineale in einer geraden Linie liegen. Dann schiebt man den Nonius, Theilstrich vor Theilstrich, durch die ganze Theilung fort, und siehet nach, ob der erste und letzte Theilstrich des Nonius gleich gut die Theilung abschneiden; in welchem Falle Letztere richtig ist.

Um zu prüfen, ob die Theilung und die Bewegung des Werkzeuges richtig sind, muß man auf einer großen Horizontal-Ebene, z. B. einer Wiese, in einer Entfernung von 200 bis 300 Schritten vom Standorte mehrere Stangen rund herum, aber in ungleichen Entfernungen unter sich, ausstecken. Man mißt sodann aus A, Fig. 47., nach jedes Mahl vorgenommener Spiegelberichtigung, so horizontal, als man nach dem Augenmaße kann, nach einander die Winkel x, y, z, t, u, v und w zwischen den Stangen B, C, D, E, F, G, H und B, und trägt sie nicht allein auf dem Meßtische an einander um einen Punkt a herum auf, sondern addirt auch ihre aufnotirten Gradzahlen. Fällt der erste und der letzte Schenkel der an einander gesetzten Winkel auf dem Meßtische vollkommen zusammen, und ist die Summe der Winkel nur um 2 bis 6 Minuten höchstens größer oder kleiner, als 360°, so ist das Werkzeug völlig genau gearbeitet.

Bei der Hand-Boussole muß man vorzüglich durch Nachmessung und Vergleichung der mit einer gewöhnlichen großen Feldmesser-Boussole gemessenen Abweichungswinkel mehrerer Linien AB, AC, AD, AE, AF, AG, AH nach allen Richtungen untersuchen, ob das Glasprisma richtig geschliffen und gestellt ist. Die mit der Feldmesser-Boussole gemessenen Abweichungwinkel sind, da der Kreis der größeren Boussolen von der rechten Hand zur linken durch alle 360° zählt, folgender Gestalt erst auf Hand-Boussolen-Grade zu reduziren.

1. Die mit der großen Boussole zwischen 0 und 90° gemessenen Abweichungswinkel sind denen der Hand-Boussole gleich.

2. Die mit der grossen Boussole zwischen 90° und 180° gemessenen Abweichungswinkel müssen erst von 180° subtrahirt werden, ehe sie den mit der Hand-Boussole erhaltenen Resultaten gleichen.
3. Von den zwischen 180° und 270° erhaltenen Abweichungswinkeln der größeren Boussolen muß 180 subtrahirt werden, ehe sie den Resultaten der Hand-Boussole gleichen.
4. Zwischen 270° und 360° müssen die Abweichungswinkel der größeren Boussole von 360° abgezogen werden, damit sie den Angaben der Hand-Boussole gleichen.

Außer dem muß man bei mehrmahls wiederholter Messung verschiedener Abweichungen, durch die Gleichheit der Angaben, sich überzeugen, ob Stift' und Hütchen der Magnetnadel gut sind, und ob nicht das die Theilung enthaltende Kartenblatt irgend wo im Innern des Gehäuses anstreife.

Bei dem schmalkalderschen Höhenmesser nivellire man, zur Prüfung desselben mit einem Quecksilber-Niveau (siehe meiner Vermessungskunde 2. Th.) zwei Punkte A und B in einer Entfernung von 125 Schritten, und sehe nach, ob der Höhenmesser auch 0° für die Neigung der Linie AB angibt, in welchem Falle die Stellung des Prisma's richtig ist; denn dieß ist der einzige beim Höhenmesser mögliche Constructionsfehler von bedeutendem Einflusse.

Fünfter Abschnitt.

Ueber die ökonomische Vermessung der Forsten zu Pferde.

Es ist nicht abzuläugnen, daß durch berittene Feldmesser eine jede ökonomische Vermessung weit schneller, als es sonst möglich sein würde, verrichtet werden kann. Denn nicht allein dadurch, daß die Wege von einem Standpunkt zum andern in weit kürzerer Zeit zu Pferde als zu Fuße zurück gelegt werden können, sondern auch durch den erhöheten Sitz des Aufnehmers, welcher dadurch einen größeren Gesichtskreis als der zu Fuße Aufnehmende gewinnt, wird eine nicht geringe Zeitersparniß und folglich die Möglichkeit eines größeren täglichen Arbeits-Pensums bewirkt. Nur fragt es sich, ob die Genauigkeit, welche durch das angegebene Werkzeug und Verfahren in den Messungen erreicht wird, sich zu ökonomischen Messungen überhaupt eignet. Diese Frage kann mit voller Ueberzeugung von dem Verfasser nicht anders als bejahend beantwortet werden; voraus gesetzt, daß der Aufnehmer den vorher gehenden Text genau studirt und das Werkzeug selbst fehlerfrei ist.

Bei forstlichen Messungen kann man nun zweierlei Methoden anwenden, welche wir mit Beziehung auf das in den vorher gehenden Bogen Gesagte hier kürzlich andeuten wollen.

Die erste Methode, Forsten mit dem angegebenen Werkzeuge ökonomisch aufzunehmen, bestehet aus der von Lehmann angegebenen Vermessungsart, wo im Gange der Vermessung eben so wie mit dem gewöhnlichen Meßtische verfahren wird. Hierzu ist alles Nöthige, was im Gange des Verfahrens, bei Anwendung der einzelnen Aufgaben, sich abändert, bereits in den drei vorher gehenden Abschnitten mit hinlänglicher Deutlichkeit angegeben. Die Vermessungsweise des Kriegers und die des Forstmannes unterscheiden sich in dem anzuwendenden Verfahren bei diesem Werkzeuge nicht von einander; nur der gewählte Maßstab der Verjüngung macht hier den Unterschied.

Die **zweite Methode** bestehet in der Anwendung des vorher beschriebenen Werkzeuges als **zollmannische Scheibe**.

Hierzu wird die Oberfläche des Meßtisches, Fig. 1. Taf. 1., mit gutem starken Velinpapier eben so, wie bei den in den drei vorher gehenden Abschnitten Angegebenen nöthig ist, mittelst Eiweißes überzogen (s. Wegweiser zum Aufnehmen, 2. Abth., 1. Abschn., S. 25. u. 26.). Aus der Mitte der Oberfläche des Meßtisches, welche man durch Ziehung beider Diagonalen findet, werden mit möglichst großem Halbmesser so viele concentrische Kreise, in einem Abstande von ungefähr 1 — 2''' von einander, fein mit Tusche gezogen, als man Standorte besuchen will. Hierauf ziehet man recht genau durch den Mittelpunkt der Kreise rechtwinklig zu einander zwei Durchmesser, um an diesen die Kante des festen Lineals mit den Zwingen befestigen zu können. Das Werkzeug wird nun genau mit seinem Mittelpunkte an den Mittelpunkt des Meßtisches und mit der Kante des festen Lineals an einen der beiden Durchmesser gelegt, und mit den Zwingen in dieser Lage befestigt.

Eben so, wie mit einem Scheibe-Instrumente die um einen Stationspunkt liegenden Winkel verzeichnet werden, so verzeichnet man auch vom Pferde aus auf der Oberfläche des Meßtisches die neben einander und um einen Stationspunkt liegenden Winkel, indem man mit einem am Ende der gewählten Standlinie liegenden Richtpunkte A, auf welchem man die Spiegelberichtigung vorgenommen hat, die Bilder aller rechts liegenden Richtpunkte B, C, D *), nach und nach zur Bedeckung bringt, und jedes Mahl an der Kante des beweglichen Lineals die Visirlinie auf einem der gezogenen Kreise angibt. Um die Messung im Umkreise des Standortes fortzusetzen, löset man das Werkzeug vom Meßtische ab, berichtigt die Stellung der Spiegel für die Entfernung des Objekts D, legt es mit dem Mittelpunkte an den Mittelpunkt des Meßtisches und

*) Wäre der zwischen A und D liegende Winkel $> 180^\circ$, so müßte man das Werkzeug an die aus dem Mittelpunkte nach C gezogene Linie mit der Kante des festen Lineals legen, und es in dieser Lage durch die Zwingen befestigen.

und mit der Kante des festen Lineals an die zuletzt nach D gezogene Visirlinie, schraubt es mit den Zwingen fest, und bringt nun nach und nach die Bilder aller rechts von D liegenden Richtpunkte, E, F, G rc., zur Bedeckung, wobei man jedes Mahl an der Kante des beweglichen Lineals die Visirlinie ziehet.

Auf diese angegebene Weise verfährt man, bis man auf der Oberfläche des Meßtisches alle Visirlinien nach den im Umkreise des Standortes liegenden Richtpunkten gezogen hat.

Zuletzt siehet man nach, ob, wenn man das Bild des in der Richtung der Kante des festen Lineals des Werkzeuges liegenden Richtpunkts mit dem Richtpunkte A zur Bedekkung bringt, auch die Kante des beweglichen Lineals genau in die Richtung des zuerst nach A gezogenen Durchmessers fällt rc.

Eben so verfährt man in allen Standorten, nur daß man in jedem derselben die Visirlinien auf einem besonderen Kreise angibt.

Der Verfasser setzt natürlicher Weise hierbei voraus, daß dem Leser die Art und Weise, mit einem so genannten Scheiben-Instrumente aufzunehmen, und das Gemessene nachher in der Zeichnung aufzutragen, nicht unbekannt sei, weßhalb hier nur nöthig war, Andeutungen zur Substituzion des neuen Werkzeuges anstatt des Scheiben-Instrumentes zu geben.

Berlin, gedruckt bei A. Petsch.